工业和信息化“十三五”人才培养规划教材

微课版

# 大学计算机基础上机指导与习题集

## 第2版

刘志成 石坤泉 / 主编 傅连仲 / 主审

人民邮电出版社

北京

图书在版编目（CIP）数据

大学计算机基础上机指导与习题集 ： 微课版 / 刘志成，石坤泉主编. -- 2版. -- 北京 ： 人民邮电出版社，2019.9（2020.1重印）
工业和信息化“十三五”人才培养规划教材
ISBN 978-7-115-51061-7

Ⅰ. ①大… Ⅱ. ①刘… ②石… Ⅲ. ①电子计算机－高等学校－教学参考资料 Ⅳ. ①TP3

中国版本图书馆CIP数据核字(2019)第061655号

## 内 容 提 要

本书是《大学计算机基础（第 2 版）（微课版）》一书的上机指导和习题集。全书共分为两个部分，第一部分是上机指导，从了解并使用计算机、学习操作系统知识、管理计算机中的资源、Word 2010 基本操作、排版文档、Excel 2010 基本操作、计算和分析 Excel 数据、PowerPoint 2010 基本操作、设置并放映演示文稿、认识并使用计算机网络、做好计算机维护与安全、使用 Access 管理数据及使用 Visio 绘制图形共 13 个方面来组织内容。读者可以按照《大学计算机基础（第 2 版）（微课版）》和本书中的指导进行上机操作。第二部分是习题集，该部分按照计算机一级 MS Office 等级考试大纲和《大学计算机基础（第 2 版）（微课版）》的内容，改编了各类题目，题目类型主要有单选题、多选题、判断题和操作题 4 类，并附有参考答案，方便学生自测练习。

本书适合作为普通高等学校、高职高专院校学生的计算机基础教材或参考书，也适合作为计算机培训班教材或作为计算机等级考试一级 MS Office 的自学参考书。

◆ 主　　编　刘志成　石坤泉
主　　审　傅连仲
责任编辑　马小霞
责任印制　马振武

◆ 人民邮电出版社出版发行　　北京市丰台区成寿寺路 11 号
邮编　100164　　电子邮件　315@ptpress.com.cn
网址　http://www.ptpress.com.cn
山东华立印务有限公司印刷

◆ 开本：787×1092　1/16
印张：9.75　　　　2019 年 9 月第 2 版
字数：231 千字　　2020 年 1 月山东第 3 次印刷

定价：29.80 元

读者服务热线：(010)81055256　印装质量热线：(010)81055316
反盗版热线：(010)81055315
广告经营许可证：京东工商广登字 20170147 号

# 前 言 FOREWORD

随着经济和科技的发展，计算机在人们的工作和生活中已经变得越来越重要，已成为一种必不可少的工具。如今的人若不学习计算机，将会寸步难行。同时，当今的计算机技术在信息社会中的应用是全方位的，已广泛应用到军事、科研、经济和文化等各个领域，其作用和意义已超出了科学层面与技术层面，达到了社会文化层面。综上所述，能够运用计算机进行信息处理已成为每位大学生必备的基本能力。

大学计算机基础作为普通高校的一门公共基础必修课程，对其学习的用途和意义是重大的，学习它对学生今后的工作和就业也会有较大的帮助。为了弥补学生实际操作能力训练的不足，以及适应计算机等级考试一级 MS Office 的操作要求，在编写了主教材《大学计算机基础（第 2 版）（微课版）》后，我们又编写了本书。

## 本书的内容

本书共分为两个部分。第一部分为上机指导，该部分根据《大学计算机基础（第 2 版）（微课版）》的内容，分项目列出上机指导，便于学生在上机实训时使用；第二部分为习题集，该部分按照《大学计算机基础（第 2 版）（微课版）》的内容，按单选题、多选题、判断题的类型出题，分项目列出练习题，便于学生了解并使用计算机和计算机新技术部分；对学习操作系统知识、管理计算机中的资源、Word 2010 基本操作、排版文档、Excel 2010 基本操作、计算和分析 Excel 数据、PowerPoint 2010 基本操作、设置并放映演示文稿、认识并使用计算机网络、做好计算机维护与安全部分，不仅给出了单选题、多选题、判断题，以便于读者根据理论题来掌握所学的知识，还给出了操作题，操作题是读者必须掌握的内容。

学习本门课程时，读者必须进行大量的练习，才能掌握所学操作。本书为读者提供了大量的上机指导和习题练习，其中上机指导与习题集均与《大学计算机基础（第 2 版）（微课版）》主教材每个项目中的内容相对应。读者学习了主教材后，可通过本书进行上机练习，也可通过习题集来练习理论知识，其中，单选题、多选题、判断题均在附录中提供了答案。

## 本书的平台支撑

“微课云课堂”（www.ryweike.com）目前包含近 50 000 个微课视频，在资源展现上分为“微课云”“云课堂”两种形式。“微课云课堂”主要特点有以下两点。

- 微课资源海量，持续不断更新。“微课云课堂”充分利用了出版社在信息技术领域的优势，以人民邮电出版社 60 多年的发展积累为基础，将资源经过分类、整理、加工及微课化之后提供给用户。

- 资源精心分类，方便自主学习。“微课云课堂”相当于一个庞大的微课视频资源库，按照门类进行一级和二级分类。

本书第二部分操作题配有微课视频，并已上传至“微课云课堂”，读者可以扫描封面上的二维码或者直接登录“微课云课堂”（www.ryweike.com）→用手机号码注册→在用户中心输入本书激活码（66aaf7d6），将本书包含的微课资源添加到个人账户，获取永久在线观看本课程微课视频的权限。也可以扫描书中提供的二维码，随扫随看，轻松掌握相关知识。本书第二部分操作题涉及一些素材和效果文件，可以登录 www.ryjiaoyu.com 搜索本书书名下载使用。

编　者

2019 年 2 月

# 目录 CONTENTS

## 第一部分　上机指导

# 第一部分

# 上 机 指 导

# 项目一　了解并使用计算机

## 任务一　二进制数的转换

### （一）非十进制数转换为十进制数

将二进制数 10110 转换成十进制数。

先将二进制数 10110 按位权展开，然后将乘积相加，转换过程如下所示。

$(10110)_2=(1\times2^4+0\times2^3+1\times2^2+1\times2^1+0\times2^0)_{10}=(16+4+2)_{10}=(22)_{10}$

将八进制数 232 转换成十进制数。

先将八进制数 232 按位权展开，然后将乘积相加，转换过程如下所示。

$(232)_8=(2\times8^2+3\times8^1+2\times8^0)_{10}=(128+24+2)_{10}=(154)_{10}$

将十六进制数 232 转换成十进制数。

先将十六进制数 232 按位权展开，然后将乘积相加，转换过程如下所示。

$(232)_{16}=(2\times16^2+3\times16^1+2\times16^0)_{10}=(512+48+2)_{10}=(562)_{10}$

### （二）十进制数转换成其他进制数

将十进制数 225.625 转换成二进制数。

用除 2 取余法进行整数部分转换，再用乘 2 取整法进行小数部分转换，具体转换过程如下所示。

$(225.625)_{10}=(11100001.101)_2$

整数部分

| | | | |
|---|---|---|---|
| 2 | 225 | 余 1 | 低位 |
| 2 | 112 | 余 0 | |
| 2 | 56 | 余 0 | |
| 2 | 28 | 余 0 | |
| 2 | 14 | 余 0 | |
| 2 | 7 | 余 1 | |
| 2 | 3 | 余 1 | |
| 2 | 1 | 余 1 | 高位 |

小数部分

| | 取整 | |
|---|---|---|
| 0.625 × 2 = 1.250 | 1 | 高位 |
| × 2 = 0.500 | 0 | |
| × 2 = 1.000 | 1 | 低位 |

## 任务二　连接计算机的各组成部分

将计算机的主机、显示器、键盘和鼠标连接在一起，使其能正常工作。

（1）将计算机各组成部分放在电脑桌的相应位置，然后将 PS/2 键盘连接线插头对准主机后的紫色键盘接口并插入。

（2）将 USB（Universal Serial Bus，通用串行总线）鼠标连接线插头对准主机后的 USB

接口并插入，然后将显示器包装箱中配置的数据线的 VGA（Video Graphics Array，视频传输标准）插头插入显卡的 VGA 接口中，然后拧紧插头上的两颗固定螺丝。

（3）将显示器数据线的另外一个插头插入显示器后面的 VGA 接口上，并拧紧插头上的两颗固定螺丝，再将显示器包装箱中配置的电源线一头插入显示器电源接口中。

（4）检查前面安装的各种连线，确认连接无误后，将主机电源线连接到主机后的电源接口。

（5）将显示器电源插头插入电源插线板中。

（6）将主机电源线插头插入电源插线板中，完成连接计算机各组成部分的操作。

## 任务三　使用鼠标和键盘

### （一）鼠标的 5 种基本操作

- 移动定位。将鼠标指针移动到目标位置。
- 单击。先移动鼠标，将鼠标指针指向某个对象，然后用食指按下鼠标左键后快速松开按键，鼠标左键将自动弹起还原。单击操作常用于选择对象，被选择的对象呈高亮显示。
- 拖动。拖动是指将鼠标指针指向某个对象后按住鼠标左键不放，然后移动鼠标，把对象从屏幕的一个位置拖动到另一个位置，最后释放鼠标左键即可。这个过程也被称为“拖曳”。拖动操作常用于移动对象。
- 右击。右击就是单击鼠标右键，方法是用中指按一下鼠标右键，松开按键后鼠标右键将自动弹起还原。右击操作常用于打开与对象相关的快捷菜单。
- 双击。双击是指用食指快速、连续地按鼠标左键两次。双击操作常用于启动某个程序、执行任务和打开某个窗口或文件夹。

### （二）键盘的使用

将手指轻放在键盘基本键位上，固定手指位置，练习输入以下各组字符。

（1）基准键盘练习。将左手的食指放在【F】键上，右手的食指放在【J】键上，其余手指分别放在相应的基准键位上，然后以“原地踏步”的方式练习下面各组字母键。练习过程中注意每组练习间有两个空格，同时练习时要培养击键的感觉，如要输入字母 a，先将双手放置在 8 个基本键位上，两手拇指放在空格键上，准备好后先用左手小指敲一下键盘上的【A】键，此时【A】键被按下又迅速弹回，字母 a 已显示在屏幕上了，练习下面各组键位。

ffff　jjjj　dddd　kkkk　ssss　llll　aaaa　;;;;　fdsa　asdf　dsaf　sdfa　;klj　kjl;　lkj;
jkl　jdk;　fds;　jkda　kjld　ads;　jkld　dal;　jdfl　jdkl　sadf　jkl;　dskj　jkld　fdks

（2）左手食指键的指法练习。左手食指主要控制【R】、【T】、【G】、【F】、【V】、【B】键，每按完一次都回到基本键【F】上，练习下面各组键位。

fgfg　ftft　gtgt　rtrt　vbvb　bgbg　vfvf　rftg　vfbg　ftrg　fvbg　tfgb　frtg　vfbg
vgbf　frtf　vgft　bgtr　vfrt　vftb　gfrb　vgtb　vfrg　rtfb　rtbv　rtff　fvgg　vvfr

（3）右手食指键的指法练习。右手食指主要控制【Y】、【U】、【H】、【J】、【N】、【M】键，练习下面各组键位。

jhjh　juju　hyhy　jmjm　hnhn　jnjn　juju　jyjy　jhjh　huhu　hmhm　yunm
hujy　juyh　jmnh　jnmh　jhmn　juhy　jhum　jnhy　humn　yjnm　jhyn　hjmn

（4）左、右手中指键的指法练习。左手中指主要控制【E】、【D】、【C】键，右手中指控制【I】、【K】、【,】键，练习下面各组键位。

cde dce cde cee dcc cdee ikk ik, ik, ,ki ki, ik, dec ki, cde dde

dik de, cik dike ki,d dike cike kedc icd kie c,e ikde cike cid, ik,d

（5）左、右手无名指的指法练习。左手无名指主要控制【W】、【S】、【X】键，右手无名指控制【O】、【L】、【.】键，练习下面各组键位。

wsx swx xsw wxs xws sxw swx ol. .lo l.o .lo .lo ol. .ol .lo ool l.o

wsxo l.sw ol.s xol. wso olw xol. wos. xolw xo.wl olwx xol. xows ols.

（6）左、右手小指的指法练习。左手小指主要控制【Q】、【A】、【Z】键，右手小指控制【P】、【;】、【/】键，练习下面各组键位。

qaz zaq aqz zqa p;/ p;/ /;p p;/ p;/ /;p /;p ;p/ /;p p;/ /;p ;p/ pp;

ap;q z/p; p;q/ zp;q /;pq zp;q zp;a zp;q /p;q zp;a p;az ;qpz p;az qsp;

（7）数字键的指法练习。键入方法与字母键相似，只是其移动距离比字母键长，且比字母的输入难度大。输入数字时左手控制【1】、【2】、【3】、【4】、【5】键，右手控制【6】、【7】、【8】、【9】、【0】键。例如，若要输入1234，应先将双手放置在基本键位上，然后将左手抬离键盘而右手不动，再用左手小指迅速按一下数字键【1】，左手手指迅速回到基本键位上，用同样的方法输入234即可。数字的输入应认真练习，始终要坚持手指击键完毕后就返回到基本键位上，练习下面各组键位。

1234 5432 6789 0987 7890 4321 5432 6890 1398 1239 0982 1398

0983 2302 4328 9882 2891 2564 6843 8921 7815 6358 6583 6839

（8）指法综合练习。如果是大小写字母混合输入的情况，当大写字母是在右手控制区时，左手小指按住【Shift】键不放，右手按字母键，然后同时松开并返回基准键位。同样，如果输入的大写字母在左手控制区，则用右手小指按住【Shift】键，左手按字母键，然后回到基准键位即可。根据上述方法进行下面的一段大小写字母混合输入练习。

A cover for British Vogue, shot by Peter Lindbergh, quickly followed and a new supermodel was born. One of the hardest-working models in the Nineties, Christensen regularly featured in ads for Armani, Versace and Karl Lagerfeld.

# 项目二 学习操作系统知识

## 任务一 启动与退出 Windows 7

### （一）启动 Windows 7

开启计算机主机箱和显示器的电源开关，Windows 7 将载入内存，接着开始对计算机的主板和内存等进行检测。系统启动完成后，将进入 Windows 7 欢迎界面。若只有一个用户且没有设置用户密码，则直接进入系统桌面。如果系统存在多个用户且设置了用户密码，则需要选择用户并输入正确的密码才能进入系统。

### （二）退出 Windows 7

（1）保存文件或数据，然后关闭所有打开的应用程序。

（2）单击“开始”按钮，在打开的“开始”菜单中单击“关机”按钮。

（3）关闭显示器的电源。

## 任务二 操作窗口、对话框与“开始”菜单

### （一）Windows 7 窗口

双击桌面上的“计算机”图标，打开“计算机”窗口，查看各个组成部分，如图 2.1 所示。

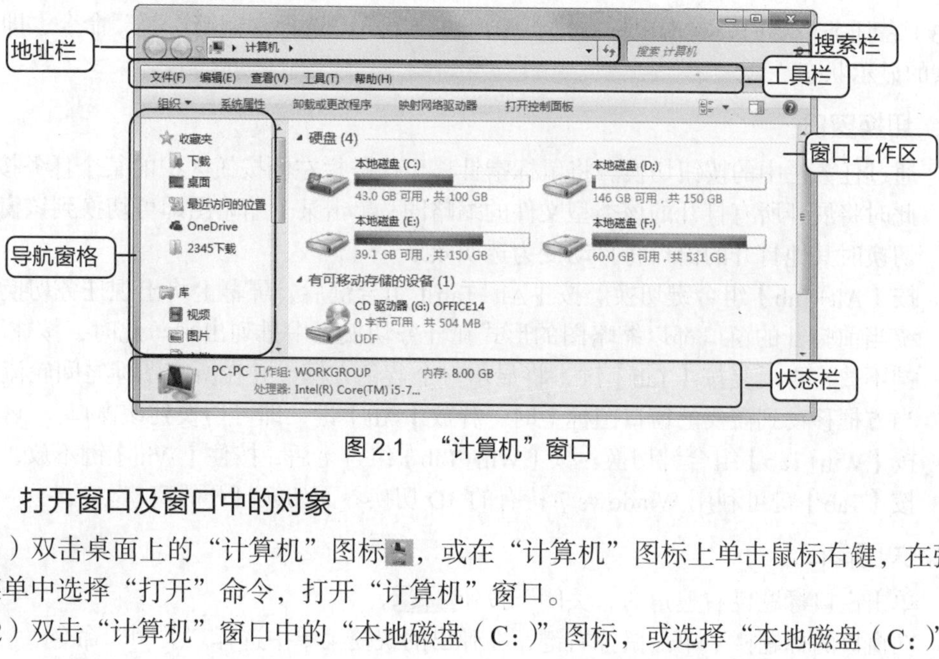


图 2.1 “计算机”窗口

#### 1. 打开窗口及窗口中的对象

（1）双击桌面上的“计算机”图标，或在“计算机”图标上单击鼠标右键，在弹出的快捷菜单中选择“打开”命令，打开“计算机”窗口。

（2）双击“计算机”窗口中的“本地磁盘（C:）”图标，或选择“本地磁盘（C:）”图标

按【Enter】键，打开“本地磁盘（C:）”窗口。

（3）双击“本地磁盘（C:）”窗口中的“Windows 文件夹”图标，即可进入 Windows 目录进行查看。

（4）单击地址栏左侧的“返回”按钮，将返回上一级“本地磁盘（C:）”窗口。

### 2. 最大化或最小化窗口

（1）单击窗口标题栏右侧的“最大化”按钮，此时窗口将铺满整个显示屏幕，同时“最大化”按钮将变成“还原”按钮，单击“还原”按钮即可将最大化窗口还原成原始大小。

（2）单击窗口右上角的“最小化”按钮，此时该窗口将隐藏，并在任务栏的程序区域中显示按钮，单击该按钮，窗口将还原到屏幕显示状态。

### 3. 移动和调整窗口大小

（1）在窗口标题栏上按住鼠标左键不放，拖动到目标位置后释放鼠标左键即可移动窗口位置。当将窗口向屏幕最上方拖动到顶部时，窗口会最大化显示；向屏幕最左侧拖动时，窗口会半屏显示在桌面左侧；向屏幕最右侧拖动时，窗口会半屏显示在桌面右侧。

（2）将鼠标指针移至窗口的外边框上，当指针变为⇔或⇕形状时，按住鼠标左键不放，拖动窗口直至其变为需要的大小时释放鼠标，即可调整窗口大小。

（3）将鼠标指针移至窗口的 4 个角上，当鼠标指针变为⤢或⤡形状时，按住鼠标左键不放，拖动窗口直至其变为需要的大小时释放鼠标，可使窗口的长宽、大小按比例缩放。

### 4. 排列窗口

（1）在任务栏空白处单击鼠标右键，在弹出的快捷菜单中选择“层叠窗口”命令，即可以层叠的方式排列窗口。

（2）层叠窗口后拖动某一个窗口的标题栏可以将该窗口拖至其他位置，并切换为当前窗口。

（3）在任务栏空白处单击鼠标右键，弹出快捷菜单，选择“撤销层叠”命令，即可恢复至原来的显示状态。

### 5. 切换窗口

- 通过任务栏中的按钮切换。将鼠标指针移至任务栏左侧按钮区中的某个任务按钮上，此时将展开所有打开的该类型文件的缩略图，单击某个缩略图即可切换到该窗口，在切换时其他打开的窗口将自动变为透明效果。
- 按【Alt+Tab】组合键切换。按【Alt+Tab】组合键后，屏幕上将出现任务切换栏，系统当前打开的窗口都以缩略图的形式在任务切换栏中排列出来。此时，按住【Alt】键不放，再反复按【Tab】键，将显示一个蓝色方框，并在所有图标之间轮流切换。当方框移动到需要的窗口图标上时，释放【Alt】键，即可切换到该窗口。
- 按【Win+Tab】组合键切换。按【Win+Tab】组合键后，按住【Win】键不放，再反复按【Tab】键可利用 Windows 7 特有的 3D 切换界面切换打开的窗口。

### 6. 关闭窗口

- 单击窗口标题栏右上角的“关闭”按钮。
- 在窗口的标题栏上单击鼠标右键，在弹出的快捷菜单中选择“关闭”命令。

- 将鼠标指针指向某个任务缩略图后单击右上角的☒按钮。
- 将鼠标指针移动到任务栏中需要关闭窗口的任务按钮上，单击鼠标右键，在弹出的快捷菜单中选择“关闭窗口”命令或“关闭所有窗口”命令。

### （二）Windows 7 对话框

打开“个性化”控制面板窗口，在其中单击“屏幕保护程序”超链接，打开“屏幕保护程序设置”对话框，在其中观察对话框的组成元素。

### （三）利用“开始”菜单启动程序

（1）单击“开始”按钮，打开“开始”菜单，此时可以先在“开始”菜单左侧的高频使用区查看是否有“腾讯 QQ”程序选项，如果有，则单击该程序项启动程序。

（2）如果高频使用区中没有要启动的程序，则选择“所有程序”选项，在显示的列表中依次单击展开程序所在的文件夹，再单击“腾讯 QQ”程序项启动程序。

## 任务三 定制 Windows 7 工作环境

### （一）创建快捷方式的几种方法

#### 1. 桌面快捷方式

- 在“开始”菜单中找到程序启动项的位置，单击鼠标右键，在弹出的快捷菜单中选择“发送到”子菜单下的“桌面快捷方式”命令。
- 在“计算机”窗口中找到文件或文件夹后，单击鼠标右键，在弹出的快捷菜单中选择“发送到”子菜单下的“桌面快捷方式”命令。
- 在桌面空白区域打开“计算机”窗口中的目标位置，单击鼠标右键，在弹出的快捷菜单中选择“新建”子菜单下的“快捷方式”命令，打开“创建快捷方式”对话框，单击 浏览(R)... 按钮，选择要创建快捷方式的程序文件，然后单击 下一步(N) 按钮，输入快捷方式的名称，单击 完成(F) 按钮，完成创建。

#### 2. 将常用程序锁定到任务栏

- 在桌面上或“开始”菜单中的程序启动快捷方式上单击鼠标右键，在弹出的快捷菜单中选择“锁定到任务栏”命令，或直接将快捷方式拖至任务栏左侧的程序区中。
- 如果要将已打开的程序锁定到任务栏，可以用鼠标右键单击任务栏中的程序图标，在弹出的快捷菜单中选择“将此程序锁定到任务栏”命令。

#### 3. 添加桌面小工具

（1）在桌面上的空白区域单击鼠标右键，在弹出的快捷菜单中选择“小工具”命令，打开“小工具库”对话框。

（2）在该对话框的列表框中选择需要在桌面显示的小工具程序，显示桌面小工具后，用鼠标拖动小工具将其调整到所需的位置，将鼠标放到工具上面，其右侧将会出现一个控制框，通过单击控制框中相应的按钮可以设置或关闭小工具。

### （二）“个性化”设置

在桌面上的空白区域单击鼠标右键，在弹出的快捷菜单中选择“个性化”命令，打开“个性化”窗口，如图 2.2 所示。

### 1．添加和更改桌面系统图标

（1）在“个性化”窗口中单击“更改桌面图标”超链接，在打开的“桌面图标设置”对话框中的“桌面图标”栏中单击选中要在桌面上显示的系统图标复选框，若不选中则表示取消显示。

（2）在中间列表框中选中“计算机”图标，单击更改图标(H)...按钮，在打开的“更改图标”对话框中选择图标样式。依次单击确定按钮，应用设置。

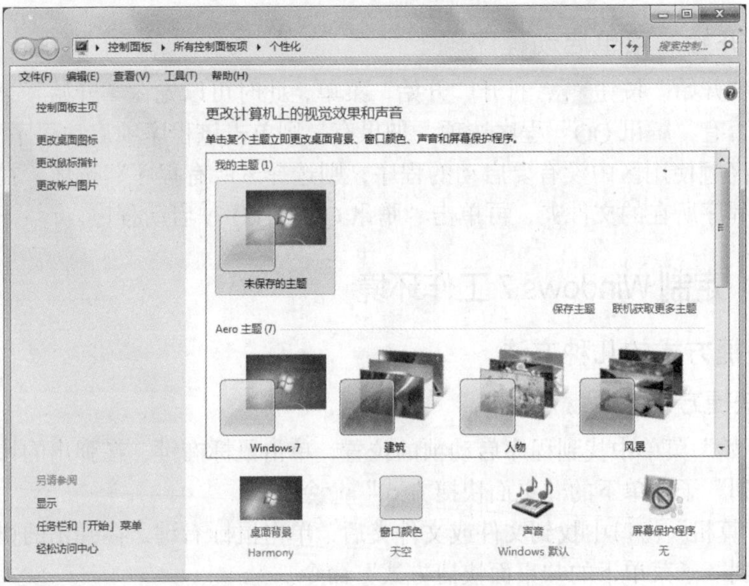


图 2.2 “个性化”窗口

### 2．应用主题并设置桌面背景

（1）在“个性化”窗口中的“Aero 主题”列表框中应用主题，此时背景和窗口颜色将发生变化。

（2）在“个性化”窗口下方单击“桌面背景”超链接，打开“桌面背景”窗口，单击“图片位置”下方的下拉按钮▾，在弹出的下拉列表中选择图片的应用方式。

（3）单击“更改图片时间间隔”下方的下拉按钮▾，在弹出的下拉列表中选择图片切换时间。若单击选中“无序播放”复选框，则将按设置的间隔随机切换。

（4）单击保存修改按钮，应用设置，并返回“个性化”窗口。

### 3．设置屏幕保护程序

（1）在“个性化”窗口中单击“屏幕保护程序”超链接，打开“屏幕保护程序设置”对话框。

（2）在“屏幕保护程序”下拉列表框中选择任意一个程序选项，在“等待”数值框中输入屏幕保护等待的时间。依次单击应用(A)和确定按钮，关闭对话框。

### 4．自定义任务栏和“开始”菜单

（1）在“个性化”窗口中单击“任务栏和「开始」菜单”超链接，或在任务栏的空白区域单击鼠标右键，在弹出的快捷菜单中选择“属性”命令，打开“任务栏和「开始」菜单属性”对话框。

（2）单击“任务栏”选项卡，自定义任务栏。

（3）单击“「开始」菜单”选项卡，自定义“「开始」菜单”。

（4）在其中单击自定义(C)...按钮，打开“自定义「开始」菜单”对话框，可进一步进行自定义设置。

（5）依次单击确定按钮，应用设置。

### 5. 设置 Windows 7 用户账户

（1）在“个性化”窗口中单击“更改账户图片”超链接，打开“更改图片”窗口，选择图片并单击更改图片按钮。

（2）在返回的“个性化”窗口中单击“控制面板主页”超链接，打开“控制面板”窗口，单击“添加或删除用户账户”超链接。

（3）在打开的“管理账户”窗口中对用户账户进行创建和设置。

## 任务四　设置汉字输入法

### （一）拼音输入法的输入方式

- 全拼输入“文件”文本，只需输入“wenjian”，然后按【Space】键，在弹出的汉字状态条中选择即可。
- 简拼输入“掌握”文本，只需输入“zhw”，然后按【Space】键，在弹出的汉字状态条中选择即可。
- 混拼输入“电脑”文本，只需输入“diann”，然后按【Space】键，在弹出的汉字状态条中选择即可。

### （二）添加和删除输入法

（1）在语言栏中的按钮上单击鼠标右键，在弹出的快捷菜单中选择“设置”命令，打开“文本服务和输入语言”对话框。

（2）单击添加(D)...按钮，打开“添加输入语言”对话框，在“使用下面的复选框选择要添加的语言”列表框中单击“键盘”选项前的⊞按钮，在展开的子列表中选择或取消选择相应的输入法。

（3）单击确定按钮，返回“文本服务和输入语言”对话框，在“已安装的服务”列表框中将显示已添加的输入法，单击确定按钮完成添加。

### （三）设置输入法的切换快捷键

（1）在语言栏中的按钮上单击鼠标右键，在弹出的快捷菜单中选择“设置”命令，打开“文本服务和输入语言”对话框。

（2）单击“高级键设置”选项卡，在列表框中选择要设置切换快捷键的输入法选项，然后单击下方的更改按键顺序(C)...按钮。

（3）打开“更改按键顺序”对话框，单击选中“启用按键顺序”复选框，然后在下方的列表框中选择所需的快捷键，并依次单击确定按钮，应用设置。

### （四）安装与卸载字体

（1）在需安装的字体文件上单击鼠标右键，在弹出的快捷菜单中选择“安装”命令，打开“正在安装字体”提示对话框，安装完成后将自动关闭该提示对话框。

（2）打开“计算机”窗口，双击打开C盘，再依次双击打开Windows文件夹和Fonts子文件夹，在打开的Fonts文件夹窗口中选择不需要再使用的字体文件后，单击鼠标右键，在弹出的快捷菜单中选择“删除”命令，即可卸载该字体。

### （五）使用微软拼音输入法输入汉字

（1）在桌面上的空白区域单击鼠标右键，在弹出的快捷菜单中选择【新建】/【文本文档】命令，在桌面上新建一个名为“新建文本文档.txt”的文件，且文件名呈可编辑状态。

（2）单击语言栏中的“输入法”按钮，选择所需输入法，然后输入“beiwanglu”，在弹出的汉字状态条中将显示出所需的“备忘录”文本。

（3）单击状态条中的“备忘录”或直接按【Space】键输入文本，再次按【Enter】键完成输入。

（4）双击桌面上新建的“备忘录”记事本文件，启动记事本程序，在编辑区单击，将出现一个插入点，按数字键【3】输入数字“3”，切换至所需输入法，输入编码“yue”，单击状态条中的“月”或按【Space】键输入文本“月”。

（5）继续输入数字“15”，并输入编码“ri”，按【Space】键输入“日”字，再输入简拼编码“shwu”，单击或按【Space】键输入词组“上午”。

（6）连续按多次【Space】键，输入几个空字符串，接着继续使用微软拼音输入法输入后面的文字内容，输入过程中按【Enter】键可分段换行。

（7）在“资料”文本右侧单击定位插入点，单击微软拼音输入法状态条上的图标，在打开的下拉列表中选择“特殊符号”选项，再在打开的软键盘中单击选择特殊符号。

（8）单击软键盘右上角的☒按钮关闭软键盘，在记事本程序中选择“文件”菜单下的“保存”命令，保存文档内容。

### （六）使用语音识别功能录入文本

下面打开“备忘录”文档，并使用Windows 7的语言输入功能输入“3月18日，提交市场调查报告”。

（1）打开“控制面板”窗口，在其中单击“轻松访问”超链接，在打开的窗口中单击“启动语音识别”超链接。

（2）第一次使用语音识别系统时，会打开“设置语音识别”对话框，在其中单击 下一步(N) 按钮。

（3）在打开的对话框中单击选中“耳机式麦克风”单选项，单击 下一步(N) 按钮。

（4）打开对话框，按照提示放置麦克风后单击 下一步(N) 按钮。

（5）打开对话框，按照提示读出语句，然后单击 下一步(N) 按钮。

（6）在打开的对话框中直接单击 下一步(N) 按钮，完成麦克风设置。

（7）在打开的对话框中单击选择“启动文档审阅”单选项，然后单击 下一步(N) 按钮。

（8）依次在打开的对话框中单击 下一步(N) 按钮，进行设置。

（9）单击 跳过教程(P) 按钮完成语音输入设置，此时将打开语音识别程序，切换到“记事本”窗口，在其中定位插入点后，读出“3月18日，提交市场调查报告”即可。

# 项目三　管理计算机中的资源

## 任务一　管理文件和文件夹资源

### （一）选择文件的几种方式

- 选择单个文件或文件夹。使用鼠标直接单击文件或文件夹图标即可将其选中。
- 选择多个相邻的文件或文件夹。可在窗口空白处按住鼠标左键不放，拖动鼠标框选需要选择的多个对象，再释放鼠标即可。
- 选择多个连续的文件或文件夹。用鼠标选中第一个对象，按住【Shift】键不放，再单击最后一个对象，可选择两个对象中间的所有对象。
- 选择多个不连续的文件或文件夹。按住【Ctrl】键不放，再依次单击所要选择的文件或文件夹，可选择多个不连续的文件或文件夹。
- 选择所有文件或文件夹。直接按【Ctrl+A】组合键，或选择【编辑】/【全选】命令，可以选择当前窗口中的所有文件或文件夹。

### （二）文件和文件夹的基本操作

#### 1. 新建文件和文件夹

新建“公司简介.txt”文件和“公司员工名单.xlsx”文件。

（1）双击桌面上的“计算机”图标，打开资源管理器窗口，双击G磁盘图标，打开G:\目录窗口。

（2）选择【文件】/【新建】/【文本文档】命令，或在窗口的空白处单击鼠标右键，在弹出的快捷菜单中选择【新建】/【文本文档】命令。系统将在文件夹中默认新建一个名为“新建文本文档”的文件，且该文件名呈可编辑状态，切换到汉字输入法中，并输入“公司简介”，单击空白处或按【Enter】键，新建文档。

（3）选择【文件】/【新建】/【Microsoft Excel 工作表】命令，或在窗口的空白处单击鼠标右键，在弹出的快捷菜单中选择【新建】/【Microsoft Excel 工作表】命令，此时将新建一个Excel文档，且文件夹名称呈可编辑状态，在其中输入文件名“公司员工名单”，按【Enter】键，新建工作簿。

（4）选择【文件】/【新建】/【文件夹】菜单命令，或在右侧文件显示区的空白处单击鼠标右键，在弹出的快捷菜单中选择【新建】/【文件夹】命令，或直接单击工具栏中的新建文件夹按钮，双击文件夹名称使其呈可编辑状态，并在文本框中输入“办公”，然后按【Enter】键，完成文件夹的新建。

（5）双击新建的“办公”文件夹，在打开的目录窗口中单击工具栏中的新建文件夹按钮，输入子文件夹名称“表格”后按【Enter】键，新建子文件夹。

#### 2. 移动、复制、重命名文件和文件夹

移动“公司员工名单.xlsx”文件，复制“公司简介.txt”文件，并将复制的文件重命名为

"招聘信息"。

（1）在资源管理器窗口左侧的导航窗格中单击展开"计算机"图标，单击选中"本地磁盘（G:）"图标。

（2）在右侧窗口中单击选择"公司员工名单.xlsx"文件后，单击鼠标右键，在弹出的快捷菜单中选择"剪切"命令，或选择【编辑】/【剪切】命令（可直接按【Ctrl+X】组合键），将选择的文件剪切到剪贴板中，此时选择的文件呈灰色透明显示效果。

（3）在导航窗格中单击展开目标文件夹后，单击鼠标右键，在弹出的快捷菜单中选择"粘贴"命令，或选择【编辑】/【粘贴】命令（可直接按【Ctrl+V】组合键）即可将剪切到剪贴板中的文件粘贴到目标窗口中，完成文件的移动。

（4）单击选择"公司简介.txt"文件后单击鼠标右键，在弹出的快捷菜单中选择"复制"命令，或选择【编辑】/【复制】命令（可直接按【Ctrl+C】组合键），将选择的文件复制到剪贴板中。

（5）在导航窗格中选中目标文件夹后，单击鼠标右键，在弹出的快捷菜单中选择"粘贴"命令，或选择【编辑】/【粘贴】命令（可直接按【Ctrl+V】组合键），即可将剪贴板中的文件粘贴到该窗口中，完成文件的复制。

（6）选择复制后的文件，单击鼠标右键，在弹出的快捷菜单中选择"重命名"命令，此时要重命名的文件名称部分呈可编辑状态，在其中输入新的名称后按【Enter】键，可重命名文件。

### 3. 删除、还原文件

删除"公司简介.txt"文件并还原该文件。

（1）在资源管理器窗口左侧的导航窗格中选择"本地磁盘（G:）"选项，然后在右侧窗口中选择"公司简介.txt"文件。

（2）在该文件上单击鼠标右键，在弹出的快捷菜单中选择"删除"命令，或按【Delete】键，此时系统会打开提示对话框，询问用户是否确定要把该文件放入回收站。

（3）单击是(Y)按钮，即可删除选择的"公司简介.txt"文件。

（4）单击任务栏最右侧的"显示桌面"按钮，切换至桌面，双击"回收站"图标，在打开的窗口中将查看到最近删除的文件和文件夹等对象，在要还原的"公司简介.txt"文件上单击鼠标右键，在弹出的快捷菜单中选择"还原"命令，这样即可将其还原到被删除前的位置。

### 4. 搜索文件或文件夹

下面在计算机中搜索文件或文件夹。

（1）在资源管理器窗口中打开需要搜索的位置，如需在所有磁盘中查找，则打开"计算机"窗口，如需在某个磁盘分区或文件夹中查找，则可打开具体的磁盘分区或文件夹窗口。

（2）在窗口地址栏后面的搜索框中输入要搜索的文件信息，Windows会自动在搜索范围内搜索所有符合的对象，并在文件显示区显示搜索结果。

（3）根据需要，可以在"添加搜索筛选器"中选择"修改日期"或"大小"选项来设置搜索条件，以缩小搜索范围。

## （三）设置文件和文件夹属性

更改"公司员工名单.xlsx"文件的属性，其具体操作如下。

（1）在“公司员工名单.xlsx”文件上单击鼠标右键，在弹出的快捷菜单中选择“属性”命令，打开文件夹“属性”对话框。

（2）在“常规”选项卡下的“属性”栏中单击选中“只读”复选框。

（3）单击应用(A)按钮，再单击确定按钮，完成文件属性的设置。如果是修改文件夹的属性，可在应用设置后，打开“确认属性更改”对话框，根据需要选择对应的应用方式后，单击确定按钮，即可设置相应的文件夹属性。

## （四）使用库

新建“办公”库，将“表格”文件夹添加到库中。

（1）打开“计算机”窗口，在导航窗格中单击“库”图标，打开“库”文件夹，此时在右侧窗口中将显示所有库文件夹，双击各个库文件夹便可打开进行查看。单击工具栏中的新建库按钮或选择【文件】/【新建】/【库】命令，输入库的名称“办公”，然后按【Enter】键，即可新建“办公”库。

（2）在导航窗格中展开“计算机”图标，再依次选择“G:\办公”文件夹，在其中选择要添加到库中的“表格”文件夹，然后选择【文件】/【包含到库中】/【办公】命令，即可将选择的文件夹中的文件添加到前面新建的“办公”库文件夹中，以后就可以通过“办公”库来查看文件了。使用相同的方法还可将计算机中其他位置的文件分别添加到库文件夹中。

# 任务二　管理程序和硬件资源

## （一）安装和卸载应用程序

安装 Office 2010，并卸载计算机中不需要的软件。

（1）将 Office 2010 安装光盘放入光驱中，当光盘成功被读取后打开光盘文件，找到并双击 setup.exe 文件。

（2）打开“输入您的产品密钥”对话框，在光盘的包装盒中找到由 25 位字符组成的产品密钥（产品密钥也称安装序列号，免费或试用软件不需要输入），将密钥输入到文本框中，单击继续(C)按钮。

（3）打开“许可条款”对话框，认真阅读其中的内容条款，单击选中“我接受此协议的条款”复选框，单击继续(C)按钮。

（4）打开“选择所需的安装”对话框，单击自定义(U)按钮。若单击立即安装(I)按钮，可以按默认设置快速安装软件。

（5）在打开的“安装向导”对话框中单击“安装选项”选项卡，在其中也可以选择需要的安装组件，其方法是单击任意组件名称前的按钮，在打开的下拉列表中便可以选择是否要安装此组件。

（6）单击“文件位置”选项卡，单击浏览(B)...按钮，在打开的“浏览文件夹”对话框中选择安装 Office 2010 的目标位置，选择完成后单击确定按钮。

（7）返回对话框，单击“用户信息”选项卡，在文本框中输入用户名和公司名称等信息，最后单击立即安装(I)按钮进入“安装进度”界面，等待数分钟后便会提示已安装完成。

（8）打开“控制面板”窗口，在分类视图下单击“程序”超链接，在打开的“程序”窗口中单击“程序和功能”超链接，在打开窗口的“卸载或更改程序”列表框中即可查看当前计算机中已安装的所有程序。

（9）在列表中选择要卸载的程序选项，然后单击工具栏中的[卸载]按钮，将弹出确认是否卸载程序的提示对话框，单击[是(Y)]按钮即可确认并开始卸载程序。

### （二）打开和关闭 Windows 功能

关闭 Windows 7 的“纸牌”游戏功能。

（1）选择【开始】/【控制面板】命令，打开“控制面板”窗口，在分类视图下单击“程序”超链接，在打开的“程序”窗口中单击“打开或关闭 Windows 功能”超链接。

（2）系统检测 Windows 功能后，将会打开“Windows 功能”窗口，在该窗口的列表框中显示了所有的 Windows 功能选项。如复选框显示为■，表示该功能中的某些子功能被打开；如复选框显示为☑，则表示该功能中的所有子功能都被打开。

（3）单击某个功能选项前的⊞标记，可展开列表，显示出该功能中的所有子功能选项。这里展开“游戏”功能选项，撤销选中“纸牌”复选框，则可关闭该系统功能。

（4）单击[确定]按钮，系统将弹出提示对话框，显示该项功能的配置进度，完成后系统将自动关闭该对话框及“Windows 功能”窗口。

### （三）安装打印机硬件驱动程序

连接打印机，然后安装打印机的驱动程序。

（1）参见打印机的使用说明书，将数据线的一端插入到机箱后面相应的插口中，再将另一端与打印机接口连接，然后接通打印机的电源。选择【开始】/【控制面板】命令，打开“控制面板”窗口，单击“硬件和声音”下的“查看设备和打印机”超链接，打开“设备和打印机”窗口，在其中单击[添加打印机]按钮。

（2）在打开的“添加打印机”对话框中选择“添加本地打印机”选项。

（3）在打开的“选择打印机端口”对话框中单击选中“使用现有的端口”单选项，在其后面的下拉列表框中选择打印机连接的端口（一般使用默认端口设置），然后单击[下一步(N)]按钮。

（4）在“安装打印机驱动程序”对话框的“厂商”列表框中选择打印机的生产厂商，在“打印机”列表框中选择安装打印机的型号，单击[下一步(N)]按钮。

（5）打开“键入打印机名称”对话框，在“打印机名称”文本框中输入名称，这里使用默认名称，单击[下一步(N)]按钮。

（6）系统开始安装驱动程序，安装完成后将打开“打印机共享”对话框，如果不需要共享打印机，则单击选中“不共享这台打印机”单选项，完成后单击[下一步(N)]按钮。

（7）在打开的对话框中单击选中“设置为默认打印机”复选框可设置其为默认打印机，单击[完成(F)]按钮完成打印机的添加。

### （四）设置投影仪

设置明基 MP625P 投影仪。

（1）将明基 MP625P 投影仪的电源线插入电源插座，打开电源插座开关，接通电源后，检查投影仪上的电源指示灯是否为亮橙色。

（2）取下镜头盖，如果镜头盖保持关闭，它可能会因为投影灯泡产生的热量而导致变形。

（3）按投影仪或遥控器上的 POWER 键启动投影仪。当投影仪电源打开时，电源指示灯会先闪烁，然后常亮绿灯。启动程序约需 30 秒钟。在启动的后面阶段，将显示启动标志。

（4）如果是初次使用投影仪，请按照屏幕上的说明选择 OSD 语言。

（5）接通所有连接的设备，然后投影仪开始搜索输入信号。屏幕左上角显示当前扫描的输入信号。如果投影仪未检测到有效信号，屏幕上将一直显示“无信号”信息，直至检测到输入信号。

（6）也可手动浏览选择可用的输入信号，按投影机或遥控器上的 SOURCE 键，显示信号源选择栏，重复按方向键直到选中所需信号，然后按【Mode】键。

（7）按快速装拆按钮并将投影仪的前部抬高，等图像调整好之后，释放快速装拆按钮以将支脚锁定到位。旋转后调节支脚，对水平角度进行微调。要收回支脚，需抬起投影仪并按下快速装拆按钮，然后慢慢向下压投影仪，接着按反方向旋转后调节支脚。

（8）按投影机或遥控器上的 AUTO 键，在 3 秒钟内，内置的智能自动调整功能将重新调整频率和脉冲的值以提供最佳图像质量。

（9）使用变焦环将投影图像调整至所需的尺寸。

（10）旋动调焦圈使图像聚焦，然后完成启动操作，可以使用投影仪播放视频和图像。

## （五）连接笔记本电脑到显示器

（1）准备一根 VGA 接口的视频线，在笔记本电脑的一侧找到 VGA 的接口。

（2）将视频线一头插入到笔记本电脑的 VGA 接口中，将另外一头与显示器连接。

（3）按【Win+P】组合键打开切换面板，在其中选择“仅投影仪”选项即可在计算机显示器上显示笔记本电脑中的内容。

## （六）设置鼠标和键盘

### 1. 设置鼠标

设置鼠标指针样式方案为“Windows 黑色（系统方案）”，调节鼠标的双击速度和移动速度，并设置移动鼠标指针时产生“移动轨迹”效果。

（1）选择【开始】/【控制面板】命令，打开“控制面板”窗口，单击“硬件和声音”类别超链接，在打开的窗口中单击“鼠标”超链接。

（2）在打开的“鼠标 属性”对话框中，单击“鼠标键”选项卡，在“双击速度”栏中拖动“速度”滑动条中的滑块可以调节双击速度。

（3）单击“指针”选项卡，然后单击“方案”栏中的下拉按钮▾，在其下拉列表中选择鼠标样式方案，这里选择“Windows 黑色（系统方案）”选项。

（4）如果要自定义鼠标在某状态下的指针样式，则可在“自定义”列表框中选择需单独更改样式的鼠标选项，然后单击 浏览(B)... 按钮进行选择。

（5）单击“指针选项”选项卡，在“移动”栏中拖动滑块可以调整鼠标指针的移动速度，单击选中“显示指针轨迹”复选框，移动鼠标指针时会产生“移动轨迹”效果。

（6）单击 应用(A) 按钮，此时鼠标指针样式变为设置后的样式，单击 确定 按钮，完成对鼠标的设置。

### 2. 设置键盘

通过设置降低键盘重复输入一个字符的延迟时间，使重复输入字符的速度加快，并适当调整光标的闪烁速度。

（1）选择【开始】/【控制面板】命令，打开“控制面板”窗口，在窗口右上角的“查看方式”下拉列表框中选择“小图标”选项，切换至“小图标”视图模式。

（2）单击“键盘”超链接，打开“键盘 属性”对话框，单击“速度”选项卡，向右拖动“字符重复”栏中的“重复延迟”滑块，降低键盘重复输入一个字符的延迟时间，如向左拖动，则增加延迟时间；向右拖动“重复速率”滑块，使输入字符的速度加快。

（3）在“光标闪烁速度”栏中拖动滑块改变文本编辑软件（如记事本）中文本插入点在编辑位置的闪烁速度，如向左拖动滑块设置为中等速度。单击确定按钮，完成设置。

## （七）使用附件程序

### 1. 使用 Windows Media Player

- 在工具栏上单击鼠标右键，在弹出的快捷菜单中选择【文件】/【打开】命令（也可直接按【Ctrl+O】组合键），在打开的“打开”对话框中选择需要播放的音乐或视频文件，然后单击打开(O)按钮。
- 在窗口工具栏中单击鼠标右键，在弹出的快捷菜单中选择【视图】/【外观】命令，将播放器切换到“外观”模式，然后选择【文件】/【打开】命令播放媒体文件。
- 将光盘放入光驱中，然后在 Windows Media Player 窗口的工具栏上单击鼠标右键，在弹出的快捷菜单中选择【播放】/【播放/DVD、VCD 或 CD 音频】命令，播放光盘中的多媒体文件。
- 单击工具栏中的创建播放列表(C)按钮，在导航窗格的“播放列表”下将新建一个播放列表，输入播放列表名称后按【Enter】键确认创建，创建后单击导航窗格中的“音乐”选项，在显示区的“所有音乐”列表中拖动需要的音乐到新建的播放列表中，添加后双击该列表项即可播放列表中的音乐。

### 2. 使用画图程序

选择【开始】/【所有程序】/【附件】/【画图】命令，启动画图程序，分别进行以下操作。

- 绘制图形。单击“形状”工具栏中的各个按钮，然后在“颜色”工具栏中单击选择一种颜色，移动鼠标指针到绘图区，按住鼠标左键不放拖动鼠标可绘制出相应形状的图形。单击“工具”工具栏中的“用颜色填充”按钮，在“颜色”工具栏中选择一种颜色，单击绘制的图形填充图形。
- 打开和编辑图像文件。启动画图程序后单击按钮，在打开的下拉列表中选择“打开”选项或按【Ctrl+O】组合键，在打开的“打开”对话框中找到并选择图像，单击打开(O)按钮打开图像。打开图像后，单击“图像”工具栏中的旋转按钮，在弹出的列表框中选择需旋转的方向和角度，可以旋转图形；单击“图像”工具栏中的选择按钮选择，在弹出的列表框中选择“矩形选择”命令，在图像中按住鼠标左键不放并拖动鼠标可以选择局部图像区域，选择图像后按住鼠标左键不放进行拖动可以移动图像的位置，若单击“图像”工具栏中的裁剪按钮，将自动裁剪掉多余的部分，留下被框选部分的图像。

### 3. 使用计算器

选择【开始】/【所有程序】/【附件】/【计算器】命令，打开计算器，即可进行数值的运算。

# 项目四　Word 2010 基本操作

## 任务一　输入和编辑学习计划

### （一）启动和退出 Word 2010

#### 1. 启动 Word 2010

启动 Word 2010 的方法有 3 种，分别是选择【开始】/【所有程序】/【Microsoft Office】/【Microsoft Word 2010】命令；双击桌面上的快捷方式图标；在任务栏的“快速启动区”中单击 Word 2010 图标。

#### 2. 退出 Word 2010

退出 Word 2010 的方法有 4 种，分别是选择【文件】/【退出】命令；单击 Word 2010 窗口右上角的“关闭”按钮；按【Alt+F4】组合键；单击 Word 窗口左上角的控制菜单图标，在打开的菜单中选择“关闭”命令。

### （二）自定义 Word 2010 工作界面

#### 1. 自定义快速访问工具栏

- 添加常用命令按钮。在快速访问工具栏右侧单击按钮，在打开的下拉列表中选择“打开”选项。
- 删除不需要的命令按钮。在快速访问工具栏的“保存”命令按钮上单击鼠标右键，在弹出的快捷菜单中选择“从快速访问工具栏删除”命令。
- 改变快速访问工具栏的位置。在快速访问工具栏右侧单击按钮，在打开的下拉列表中选择“在功能区下方显示”选项，可将快速访问工具栏显示到功能区下方；再次在下拉列表中选择“在功能区上方显示”选项，可将快速访问工具栏还原到默认位置。

#### 2. 自定义功能区

在 Word 2010 工作界面中，用户可选择【文件】/【选项】菜单命令，在打开的“Word 选项”对话框中单击“自定义功能区”选项卡，在其中进行以下设置。

（1）显示或隐藏主选项卡。在“自定义功能区”选项卡的“自定义功能区”列表框中单击选中或撤销选中主选项卡对应的复选框，即可在功能区中显示或隐藏该主选项卡。

（2）创建新的选项卡。在“自定义功能区”选项卡中单击新建选项卡(W)按钮，在“主选项卡”列表框中可选中“新建选项卡（自定义）”复选框，然后单击重命名(M)...按钮，在打开的“重命名”对话框的“显示名称”文本框中输入名称，单击确定按钮，为新建的选项卡重命名。

（3）在功能区中创建组。选择新建的选项卡，在“自定义功能区”选项卡中单击新建组(N)按钮，在选项卡下创建组，单击选择创建的组，单击重命名(M)...按钮，在打开的“重命名”对话框的“符号”列表框中选择图标，并在“显示名称”文本框中输入名称，单击确定按钮，为新建的组重命名。

（4）在组中添加命令。选择新建的组，在“自定义功能区”选项卡的“从下列位置选择命令”列表框中选择需要的命令选项，然后单击添加(A) >>按钮即可将命令添加到组中。

（5）删除自定义的功能区。在“自定义功能区”选项卡的“自定义功能区”列表框中单击选中相应的主选项卡复选框，单击<< 删除(R)按钮即可将自定义的选项卡或组删除。若要一次性删除所有自定义的功能区，可单击重置(E)按钮，在打开的下拉列表中选择“重置所有自定义项”选项，在打开的提示对话框中单击是(Y)按钮，可将所有自定义项删除，恢复 Word 2010 默认的功能区效果。

### 3. 显示或隐藏文档中的元素

- 在【视图】/【显示】组中单击选中或撤销选中标尺、网格线和导航窗格元素对应的复选框，即可在文档中显示或隐藏相应的元素。
- 在“Word 选项”对话框中单击“高级”选项卡，向下拖曳对话框右侧的滚动条，在“显示”栏中单击选中或撤销选中“显示水平滚动条”“显示垂直滚动条”或“在页面视图中显示垂直标尺”元素对应的复选框，也可在文档中显示或隐藏相应的元素。

## （三）创建“学习计划”文档

选择【开始】/【所有程序】/【Microsoft Office】/【Microsoft Word 2010】菜单命令，启动 Word 2010。选择【文件】/【新建】菜单命令，在打开的面板中单击“空白文档”按钮，或在打开的任意文档中按【Ctrl+N】组合键即可创建文档。

## （四）输入文档文本

将鼠标指针移至文档上方的中间位置，当鼠标指针变成I形状时双击鼠标，将光标插入点定位到此处，输入文档标题文本。将鼠标指针移至文档标题下方左侧需要输入文本的位置，双击鼠标将光标插入点定位到此处，输入正文文本，按【Enter】键换行。使用相同的方法输入其他的文本，如图 4.1 所示。

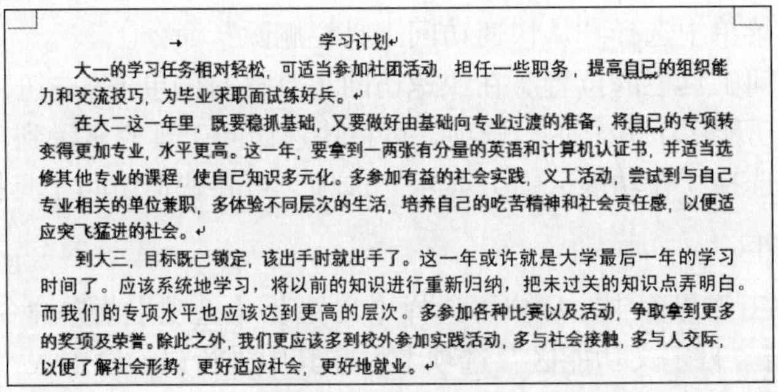

学习计划

大一的学习任务相对轻松，可适当参加社团活动，担任一些职务，提高自已的组织能力和交流技巧，为毕业求职面试练好兵。

在大二这一年里，既要稳抓基础，又要做好由基础向专业过渡的准备，将自已的专项转变得更加专业，水平更高。这一年，要拿到一两张有分量的英语和计算机认证书，并适当选修其他专业的课程，使自己知识多元化。多参加有益的社会实践，义工活动，尝试到与自己专业相关的单位兼职，多体验不同层次的生活，培养自己的吃苦精神和社会责任感，以便适应突飞猛进的社会。

到大三，目标既已锁定，该出手时就出手了。这一年或许就是大学最后一年的学习时间了。应该系统地学习，将以前的知识进行重新归纳，把未过关的知识点弄明白。而我们的专项水平也应该达到更高的层次。多参加各种比赛以及活动，争取拿到更多的奖项及荣誉。除此之外，我们更应该多到校外参加实践活动，多与社会接触，多与人交际，以便了解社会形势，更好适应社会，更好地就业。

图 4.1 输入文本

## （五）复制和移动文本

### 1. 复制文本

- 选择所需复制的文本后，在【开始】/【剪贴板】组中单击“复制”按钮复制文本，定位到目标位置后，再在【开始】/【剪贴板】组中单击“粘贴”按钮粘贴文本。
- 选择所需复制的文本后，在其上单击鼠标右键，在弹出的快捷菜单中选择“复制”命令，再将其定位到目标位置单击鼠标右键，在弹出的快捷菜单中选择“粘贴”命令粘贴文本。

- 选择所需复制的文本后，按【Ctrl+C】组合键复制文本，定位到目标位置按【Ctrl+V】组合键粘贴文本。
- 选择所需复制的文本后，按住【Ctrl】键不放，将其拖动到目标位置即可。

2. 移动文本

移动“2016 年 3 月”文本到右下角。

（1）选择需要移动的文本“2016 年 3 月”，在【开始】/【剪贴板】组中单击“剪切”按钮，或按【Ctrl+X】组合键。

（2）在需要插入移动文本的位置双击定位插入点，在“剪贴板”组中单击“粘贴”按钮，或按【Ctrl+V】组合键。

### （六）查找和替换文本

查找“自已”文本，然后将其替换为“自己”。

（1）定位到文档开始处，在【开始】/【编辑】组中单击替换按钮，或按【Ctrl+H】组合键。

（2）打开“查找和替换”对话框，分别在“查找内容”和“替换为”文本框中输入文本“自已”和“自己”。

（3）单击查找下一处(F)按钮，即可看到文档中查找到的第一个文本显示为选中状态。

（4）继续单击查找下一处(F)按钮，直至出现对话框提示已完成文档的搜索，单击确定按钮，返回“查找和替换”对话框，单击全部替换(A)按钮。

### （七）撤销与恢复操作

（1）单击“快速访问栏”工具栏中的“撤销”按钮，或按【Ctrl+Z】组合键，即撤销上一步操作。

（2）单击“恢复”按钮，或按【Ctrl+Y】组合键，便可以恢复到“撤销”操作前的文档效果。

### （八）保存“学习计划”文档

选择【文件】/【保存】命令，打开“另存为”对话框。在该对话框左侧的列表框中选择文档的保存路径，在“文件名”文本框中输入“学习计划”，完成后单击保存(S)按钮即可。

## 任务二　编辑招聘启事

### （一）自定义编号起始值

设置编号起始值为 2：选中应用了编号的段落后，单击鼠标右键，在打开的快捷菜单中选择“设置编号”命令，在打开的对话框中输入 2 即可。

### （二）自定义项目符号样式

在【开始】/【段落】组中单击“项目符号”按钮右侧的下拉按钮，在打开的下拉列表中选择“定义新项目符号”选项，然后在打开的对话框中分别单击符号(S)...按钮和图片(P)...按钮，可分别设置一般项目符号或图片项目符号。

### （三）打开文档

打开“招聘启事”文档，其具体操作如下。

选择【文件】/【打开】命令，或按【Ctrl+O】组合键。在打开的“打开”对话框的“路径”列表框中选择文件路径，在中间的列表框中选择“招聘启事”文件，完成后单击 打开(O) 按钮打开所选的文档。

### （四）设置字体格式

#### 1．使用浮动工具栏设置标题字体为“华文琥珀、二号”

打开素材文档，选择标题文本，将鼠标指针移动到浮动工具栏上，在“字体”下拉列表框中选择“华文琥珀”选项，在“字号”下拉列表框中选择“二号”选项。

#### 2．使用“字体”组设置正文

选择除标题文本外的文本内容，在【开始】/【字体】组的“字号”下拉列表框中选择字号选项。在【开始】/【字体】组中单击“加粗”按钮 B、“下划线”按钮 U、“字体颜色”按钮 A，即可分别设置文本的加粗、下划线和文字颜色效果。

#### 3．使用“字体”对话框设置标题

选择标题文本，在“字体”组右下角单击“对话框启动器”按钮 。在打开的“字体”对话框中单击“高级”选项卡，在其中可对字体样式进行详细设置。完成后单击 确定 按钮。

### （五）设置段落格式

- 设置段落对齐方式。选择标题文本，在“段落”组中单击相应按钮，设置文本对齐方式。
- 设置段落缩进。选择文本，在“段落”组右下角单击“对话框启动器”按钮 。打开“段落”对话框，在“缩进和间距”选项卡的“特殊格式”下拉列表框中选择“首行缩进”选项，在“磅值”数值框中可设置磅值。
- 设置行间距和段间距。选择标题文本，在“段落”组右下角单击“对话框启动器”按钮 ，打开“段落”对话框的“缩进和间距”选项卡，在其中可对“段前”“段后”“行距”等进行设置。

### （六）设置项目符号和编号

- 设置项目符号。选择文本，在“段落”组中单击“项目符号”按钮 右侧的下拉按钮 ，在打开的下拉列表的“项目符号库”栏中选择项目符号样式，设置项目符号。
- 设置编号。选择文本，在“段落”组中单击“编号”按钮 右侧的按钮 ，在打开的下拉列表的“编号库”栏中选择编号样式，设置编号。

### （七）设置边框与底纹

- 为字符设置边框与底纹。在“字体”组中单击“字符边框”按钮 A 设置字符边框，在“字体”组中单击“字符底纹”按钮 A 设置字符底纹。
- 为段落设置边框与底纹。在“段落”组中单击“底纹”按钮 右侧的下拉按钮 ，可设置不同颜色的底纹样式；单击“边框”按钮 右侧的下拉按钮 ，在打开的下拉列表中可设置不同类型的框线。若选择“边框与底纹”命令，可在打开的“边框与底纹”对话框中详细设置边框与底纹样式。

### （八）保护文档

选择【文件】/【信息】菜单命令，在窗口的中间位置单击“保护文档”按钮 ，在打开的下拉列表中选择相应的选项来保护文档。

## 任务三 编辑公司简介

### （一）插入并编辑文本框

在【插入】/【文本】组中单击“文本框”按钮，在打开的下拉列表中选择相应的选项，在文本框中直接输入需要的文本内容即可。

### （二）插入图片和剪贴画

在“公司简介”文档中插入图片和剪贴画，其具体操作如下。

（1）在【插入】/【插图】组中单击“图片”按钮，在打开的“插入图片”对话框的地址栏中选择图片的路径，在中间的空白区域中选择要插入的图片，在图片上单击鼠标右键，在弹出的快捷菜单中可选择图片环绕方式。

（2）在【图片工具-格式】/【调整】组中单击艺术效果按钮，可设置图片艺术效果。

（3）在【插入】/【插画】组中单击“剪贴画”按钮，打开“剪贴画”任务窗格，即可选择并插入剪贴画。

### （三）插入艺术字

在“公司简介”文档中插入艺术字美化标题样式，其具体操作如下。

在【插入】/【文本】组中单击艺术字按钮，在打开的下拉列表框中选择艺术字样式并输入文本。在【绘制工具-格式】/【形状样式】组中单击“形状效果”按钮，可设置艺术字效果。

### （四）插入 SmartArt 图形

在“公司简介”文档中插入 SmartArt 图形，其具体操作如下。

在【插入】/【插图】组中单击SmartArt按钮，在打开的“选择 SmartArt 图形”对话框中选择 SmartArt 图形。在【SmartArt 工具-设计】/【创建图形】组中可设置图形中的形状等级，在【SmartArt 工具-设计】/【SmartArt 样式】组中可美化图形，在【SmartArt 工具-格式】/【大小】组中可设置形状大小。

### （五）添加封面

在【插入】/【页】组中单击封面按钮，在打开的下拉列表框中选择所需封面，然后在其中输入文本即可。

# 项目五　排版文档

## 任务一　制作图书采购单

### （一）插入表格

#### 1. 插入自动表格

快速插入一个6行6列的表格：将插入点定位到需插入表格的位置，在【插入】/【表格】组中单击“表格”按钮，再在打开的下拉列表中按住鼠标左键不放并拖动，直到达到需要的表格行列数放开鼠标左键即可。

#### 2. 插入指定行列表格

通过“插入表格”对话框插入一个5行2列的表格：在【插入】/【表格】组中单击“表格”按钮，在打开的下拉列表中选择“插入表格”命令，打开“插入表格”对话框。输入表格的行列数，单击确定按钮。

#### 3. 绘制表格

绘制一个3行5列的表格，并为表格绘制一个斜线表头：在【插入】/【表格】组中单击“表格”按钮，在打开的下拉列表中选择“绘制表格”命令。此时鼠标指针变成形状，在插入表格处按住鼠标左键不放并拖动绘制即可。

### （二）选择表格

#### 1. 选择整行表格

将鼠标指针移动至表格左侧，当鼠标指针呈形状时单击，选中整行。如果按住鼠标左键不放向上或向下拖动，则可以选中多行；或在需要选择的行列中单击任意单元格，在【表格工具】/【布局】/【表】组中单击“选择”按钮选择，在打开的下拉列表中选择“选择行”选项。

#### 2. 选择整列表格

将鼠标指针移动到表格顶端并且在鼠标指针呈⬇形状时单击，可选中整列。如果按住鼠标左键不放向左或向右拖动，则可选中多列；或在需要选择的行列中单击任意单元格，在【表格工具】/【布局】/【表】组中单击“选择”按钮选择，在打开的下拉列表中选择“选择列”选项，也可选择整列表格。

#### 3. 选择整个表格

- 将鼠标指针移动到表格边框线上，单击表格左上角的“全部选中”按钮。
- 可以通过在表格内部拖动鼠标选中整个表格。
- 在表格内单击任意单元格，在【表格工具】/【布局】/【表】组中单击“选择”按钮选择，在打开的下拉列表中选择“选择表格”选项。

### （三）将表格转换为文本

选择表格，在【表格工具-布局】/【数据】组中单击“转换为文本”按钮。打开“表格转换为文本”对话框，在其中选择合适的文字分隔符，单击确定按钮。

### （四）将文本转换为表格

选中需要转换为表格的文本，在【插入】/【表格】组中单击“表格”按钮，在打开的下拉列表中选择“将文本转换成表格”选项。在打开的“将文本转换成表格”对话框中根据需要设置表格尺寸和文本分隔符，单击确定按钮。

### （五）绘制图书采购单表格框架

插入一个 13 行 7 列的表格，然后输入表格标题文本，并设置格式为“黑体、加粗、小一、居中对齐”，最后根据需要合并相关的单元格。

（1）在【插入】/【表格】组中，单击“表格”按钮，在打开的下拉列表中选择“插入表格”命令，打开“插入表格”对话框，分别输入列数和行数，单击确定按钮创建表格。

（2）将鼠标指针移动到表格右下角的控制点上，向下拖动鼠标调整表格的高度。

（3）选择需合并的单元格，单击鼠标右键，在弹出的快捷菜单中选择“合并单元格”命令。或在【表格工具-布局】/【合并】组中单击“合并单元格”按钮，合并单元格。

（4）将鼠标指针移至第 2 列表格左侧边框上，当指针变为形状后，按住鼠标左键向左拖动鼠标手动调整列宽。

### （六）编辑图书采购单表格

（1）单击选中一行单元格，在【表格工具-布局】/【行和列】组中单击“在下方插入”按钮，即可在选中的行下方插入一行单元格。

（2）选择单元格，在【表格工具-布局】/【合并】组中单击“拆分单元格”按钮，打开“拆分单元格”对话框，在其中设置需拆分的行列数，单击确定按钮。

（3）选中所有单元格，在【表格工具-布局】/【单元格大小】组中单击“分布列”按钮，可平均分配各列的宽度。

### （七）输入与编辑表格内容

（1）选择表格，在【表格工具-布局】/【单元格大小】组中单击“自动调整”按钮，在打开的下拉列表中选择“根据内容自动调整表格”选项。

（2）在表格上单击按钮选择表格，在【表格工具-布局】/【对齐方式】组中单击“水平居中”按钮，可设置文本水平居中对齐。

### （八）设置与美化表格

（1）在表格中单击鼠标右键，在弹出的快捷菜单中选择“边框和底纹”命令。打开“边框和底纹”对话框，在“设置”栏中设置线型样式、颜色和宽度。

（2）在【开始】/【段落】组中单击“边框和底纹”按钮，在打开的下拉列表中选择“边框和底纹”选项，打开“边框和底纹”对话框。单击“底纹”选项卡，在“填充”下拉列表中设置单元格底纹。

### （九）计算表格中的数据

（1）将插入点定位到“总和”右侧的单元格中，在【布局】/【数据】组中单击“公式”按钮 *fx*。

（2）打开“公式”对话框，输入所需公式，单击 确定 按钮。

## 任务二 排版考勤管理规范

### （一）模板

- 新建模板。选择【文件】/【新建】命令，在中间的“可用模板”中选择“我的模板”选项，打开“新建”对话框，在“新建”栏单击选中“模板”单选项，单击 确定 按钮。
- 套用模板。选择【文件】/【选项】命令，打开“Word 选项”对话框，单击左侧的“加载项”选项，在右侧的“管理”下拉列表中选择“模板”选项，单击 转到(G)... 按钮，打开“模板加载项”对话框，在其中单击 选用(A)... 按钮。在打开的对话框中选择需要的模板，返回对话框，单击选中“自动更新文档样式”复选框，单击 确定 按钮。

### （二）页面版式

#### 1. 设置页面大小、页面方向和页边距

- 设置页面大小。单击“纸张大小”按钮右侧的下拉按钮，在打开的下拉列表框中选择一种页面大小选项，或选择“其他页面大小”命令，在打开的“页面设置”对话框中输入文档宽度和高度值。
- 设置页面方向。单击“页面方向”按钮右侧的下拉按钮，在打开的下拉列表中选择“横向”命令，可以设置为横向。
- 设置页边距。单击“页边距”按钮下方的下拉按钮，在打开的下拉列表框中选择一种页边距选项，或选择“自定义页边距”命令，在打开的“页面设置”对话框中输入上、下、左、右页边距值。

#### 2. 设置页面背景

设置页面背景为蓝色，填充效果为蓝色到白色的渐变效果：在【页面布局】/【页面背景】组中单击“页面颜色”按钮，在打开的下拉列表中选择一种页面背景颜色。选择“填充效果”命令，在打开的对话框中单击“渐变”选项卡，即可设置渐变色背景和图片背景等。

#### 3. 添加封面

为文档添加一个奥斯汀样式的封面：在【插入】/【页】组中单击“封面”按钮 封面，在打开的下拉列表中选择“奥斯汀”封面样式，为文档添加该类型的封面，然后输入相应的封面内容即可。

#### 4. 添加水印

为文档添加 “机密” 文字水印背景：在【页面布局】/【页面背景】组中单击“水印”按钮 水印，在打开的下拉列表中选择“机密”水印效果。

#### 5. 设置主题

为文档应用“暗香扑面”主题效果：在【页面布局】/【主题】组中单击“主题”按钮，在打开的下拉列表中选择一种主题样式，文档的颜色和字体等效果将发生变化。

### （三）设置页面大小

为文档设置页面大小为“20×28”厘米：打开文档，在【页面布局】/【页面设置】组中单击“对话框启动器”按钮，打开“页面设置”对话框。单击“纸张”选项卡，在“纸张大小”栏中设置宽度和高度为分别“20”和“28”，单击确定按钮。

### （四）设置页边距

为文档设置页边距，其中左和下都为1.5厘米。

（1）在【页面布局】/【页面设置】组中单击“对话框启动器”按钮，打开“页面设置”对话框。

（2）单击“页边距”选项卡，在其中可对页边距进行设置。

### （五）套用内置样式

为标题文本使用内置的“标题”样式：将插入点定位到目标文本，在【开始】/【样式】组中选择“标题”选项，返回文档编辑区即可查看设置后的文档效果。

### （六）创建样式

新建一个名为“小项目”的样式，其中字符格式为“汉仪长艺体简、五号”，段落格式为“1.5倍行距”，并设置底纹为“白色，背景1，深色50%”，最后为文档应用该样式。

（1）在【开始】/【样式】组中单击“对话框启动器”按钮，打开“样式”任务窗格，单击“新建样式”按钮。

（2）在打开对话框的“名称”文本框中输入样式名称，在格式栏中设置样式的字体格式。单击格式(O)按钮，在打开的下拉列表中选择“段落”选项。

（3）打开“段落”对话框，在间距栏中设置行距，单击确定按钮。

（4）返回到“根据格式设置创建新样式”对话框，再次单击格式(O)按钮，在打开的下拉列表中选择“边框”选项。打开“边框和底纹”对话框，在其中设置样式的边框和底纹。

### （七）修改样式

修改“小项目”样式的字符格式为“小三、‘茶色，背景2，深色50%’”，底纹为“白色，背景1，深色15%”：在“样式”任务窗格中选择创建的样式，单击右侧按钮，在打开的下拉列表中选择“修改”选项。在打开对话框的“格式”栏中重新设置即可。

## 任务三 排版和打印毕业论文

### （一）添加标签

为文档创建一个标签。

（1）在【引用】/【题注】组中单击“插入题注”按钮，打开“题注”对话框。

（2）在“标签”下拉列表中选择需要设置的标签，也可以单击新建标签(N)...按钮，打开“新建标签”对话框，在“标签”文本框中输入自定义的标签名称。

（3）单击确定按钮返回对话框，选择添加的新标签，单击确定按钮。

### （二）创建交叉引用

为文档创建一个交叉引用。

（1）将插入点定位到需要使用交叉引用的位置，在【引用】/【题注】组中单击“交叉引用”按钮，打开“交叉引用”对话框。

（2）在“引用类型”下拉列表中选择需要引用的内容，然后在“引用哪一个标题”列表框中选择需要的引用选项，单击插入(I)按钮即可创建交叉引用。在单击插入的文本范围时，插入的交叉引用内容显示为灰色底纹，若要修改被引用的内容，返回引用时按【F9】键即可更新。

### （三）插入批注

为文档的标题创建一个解释批注。

（1）选择要添加批注的文本，在【审阅】/【批注】组中单击“新建批注”按钮，所选择的文本由一条引线引至文档右侧。

（2）批注中“[M1]”表示由姓名简写为“M”的用户添加的第1条批注，在批注文本框中输入文本内容。

（3）通过单击按钮或按钮，可查看添加的批注。在要删除的批注上单击鼠标右键，在弹出的快捷菜单中选择“删除批注”命令可删除批注。

### （四）添加修订

修订文档中的错别字。

（1）在【审阅】/【修订】组中单击“修订”按钮，进入修订状态。

（2）对文档内容进行修改，在修改原位置会显示修订的结果，并在左侧出现一条竖线，表示该处进行了修订。

（3）在【审阅】/【修订】组中单击显示标记按钮右侧的下拉按钮，在打开的下拉列表中选择【批注框】/【在批注框中显示修订】选项。

（4）对文档修订结束后，必须再次单击“修订”按钮退出修订状态。

### （五）接受与拒绝修订

接受修订的错别字。

（1）在【审阅】/【更改】组中单击“接受”按钮接受修订，或单击“拒绝”按钮拒绝修订。

（2）单击“接受”按钮下方的下拉按钮，在打开的下拉列表中选择“接受对文档的所有修订”选项。

### （六）插入并编辑公式

插入并编辑一个公式。

（1）在【插入】/【符号】组中单击“公式”按钮π下方的下拉按钮，在打开的下拉列表中选择“插入新公式”选项。

（2）在文档中将出现一个公式编辑框，在【设计】/【结构】组中单击“括号”按钮{()}，在打开的下拉列表的“事例和堆栈”栏中选择“事例（两条件）”选项。

（3）单击括号上方的条件框，将光标定位到其中，并输入数据，然后在“符号”组中单击“大于号”按钮>。

（4）单击括号下方的条件框，选中该条件框，然后在“结构”组中单击“分数”按钮，在打开的下拉列表的“分数”栏中选择“分数（竖式）”选项。

（5）在插入的分数中输入数据，完成后在文档的任意处单击退出公式编辑框。

### （七）使用大纲视图

使用大纲视图查看所有2级标题文本。

（1）在【视图】/【文档视图】组中单击大纲视图按钮，视图模式切换到大纲视图，在【大纲】/【大纲工具】组中的“显示级别”下拉列表中选择“2级”选项。

（2）查看所有2级标题文本后，双击本段落左侧的⊕标记，可展开下面的内容。

（3）设置完成后，在【大纲】/【关闭】组中单击“关闭大纲视图”按钮或在【视图】/【文档视图】组中单击“页面视图”按钮，返回页面视图模式。

### （八）插入分隔符

使用分隔符分割序言与提纲内容。

（1）将插入点定位到文本“提纲”之前，在【页面布局】/【页面设置】组中单击“分隔符”按钮，在打开的下拉列表中的“分页符”栏中选择“分页符”选项，在插入点所在位置插入分页符。

（2）将插入点定位到所需文本处，在【页面布局】/【页面设置】组中单击“分隔符”按钮，在打开的下拉列表中的“分节符”栏中选择“下一页”选项，在插入点所在位置插入分节符。

### （九）设置页眉和页脚

为文档插入相应的页眉和页脚，页眉样式为“反差型（奇数页）”，内容为“降低企业成本途径分析”，格式为“宋体、五号”、首页不相同，删除首页中的横线。

（1）在【插入】/【页眉和页脚】组中单击页眉按钮，在打开的下拉列表中选择内置的页眉样式，然后在其中输入文本，并设置格式。

（2）在【页眉和页脚工具-设计】/【页眉和页脚】组中单击页脚按钮，在打开的下拉列表中选择内置的页脚样式。

（3）在“设计”选项卡中单击“关闭页眉和页脚”按钮退出页眉和页脚的编辑状态。

（4）双击页眉页脚，进入页眉页脚视图，拖动鼠标选择段落标记，然后单击鼠标右键，在弹出的快捷菜单中选择“边框和底纹”命令，打开“边框和底纹”对话框，取消选中其中的表格边框线，单击确定按钮。

### （十）创建目录

提取文档目录，显示级别为2，不使用超链接显示：在【引用】/【目录】组中单击“目录”按钮，在打开的下拉列表中选择“插入目录”选项，打开“目录”对话框，单击“目录”选项卡，在“制表符前导符”下拉列表中选择所需选项，在“格式”下拉列表中选择需提取为目录的格式，在“显示级别”数值框中输入显示级别，撤销选中“使用超链接而不使用页码”复选框，单击确定按钮。

### （十一）预览并打印文档

确认文档编辑效果后，将其打印成纸质文档。

（1）选择【文件】/【打印】命令，在窗口右侧预览打印效果。

（2）对预览效果满意后，在窗口中间上方“打印”栏的“份数”数值框中设置打印份数，然后单击“打印”按钮即可开始打印。

# 项目六 Excel 2010 基本操作

## 任务一 制作学生成绩表

### （一）切换工作簿视图

将工作簿视图切换为分页预览视图。

在 Excel 2010 中也可根据需要，在视图栏中单击视图按钮组中的相应按钮，或单击“视图”选项卡，在“工作簿视图”组中单击相应的按钮切换视图。

### （二）选择单元格

- 选择单个单元格。单击单元格，或在名称框中输入单元格的行号和列标后按【Enter】键即可选择所需的单元格。
- 选择所有单元格。单击行号和列标左上角交叉处的“全选”按钮，或按【Ctrl+A】组合键即可选择工作表中的所有单元格。
- 选择相邻的多个单元格。选择起始单元格后按住鼠标左键不放拖曳鼠标到目标单元格，或在按住【Shift】键的同时选择目标单元格，即可选择相邻的多个单元格。
- 选择不相邻的多个单元格。按住【Ctrl】键的同时依次单击需要选择的单元格即可选择不相邻的多个单元格。
- 选择整行。将鼠标指针移动到需选择行的行号上，当鼠标指针变成➡形状时，单击即可选择该行。
- 选择整列。将鼠标指针移动到需选择列的列标上，当鼠标指针变成⬇形状时，单击即可选择该列。

### （三）合并与拆分单元格

#### 1. 合并单元格

将三行单元格合并为一个单元格：在【开始】/【对齐方式】组中单击“合并后居中”按钮合并后居中右侧的下拉按钮，在打开的下拉列表中可以选择“跨越合并”“合并单元格”和“取消单元格合并”等选项。

#### 2. 拆分单元格

将最后一行单元格拆分为 5 行 5 列的单元格：选择合并的单元格，然后单击合并后居中按钮，或打开“设置单元格格式”对话框，在“对齐方式”选项卡下撤销选中“合并单元格”复选框即可。

### （四）插入与删除单元格

#### 1. 插入单元格

在第 1 行第 1 列单元格右侧插入一个单元格，然后在下方插入一行单元格，再在右侧插入一列单元格。

（1）选择单元格，在【开始】/【单元格】组中单击“插入”按钮右侧的下拉按钮，在打开的下拉列表中选择“插入单元格”选项，打开“插入”对话框，单击选中对应单选项后，单击确定按钮即可。

（2）单击“插入”按钮右侧的下拉按钮，在打开的下拉列表中选择“插入工作表行”或“插入工作表列”选项，即可插入整行或整列单元格。

### 2. 删除单元格

删除已选择的单元格。

（1）选择要删除的单元格，单击【开始】/【单元格】组中的“删除”按钮右侧的下拉按钮，在打开的下拉列表中选择“删除单元格”选项。

（2）打开“删除”对话框，单击选中对应单选项后，单击确定按钮即可删除所选单元格。

（3）单击“删除”按钮右侧的下拉按钮，在打开的下拉列表中选择“删除工作表行”或“删除工作表列”选项，可删除整行或整列单元格。

## （五）查找与替换数据

### 1. 查找数据

（1）在【开始】/【编辑】组中单击“查找和选择”按钮，在打开的下拉列表中选择“查找”选项，打开“查找和替换”对话框中的“查找”选项卡。

（2）在“查找内容”下拉列表框中输入要查找的数据，单击查找下一个(F)按钮，便能快速查找到条件匹配的单元格。

（3）单击查找全部(I)按钮，可以在“查找和替换”对话框下方列表中显示所有包含需要查找文本的单元格位置。单击关闭按钮关闭“查找和替换”对话框。

### 2. 替换数据

（1）在【开始】/【编辑】组中单击“查找和选择”按钮，在打开的下拉列表中选择“替换”选项，打开“查找和替换”对话框，单击“替换”选项卡。

（2）在“查找内容”下拉列表框中输入要查找的数据，在“替换为”下拉列表框中输入需替换的内容。

（3）单击查找下一个(F)按钮，查找符合条件的数据，然后单击替换(R)按钮进行替换，或单击全部替换(A)按钮，将所有符合条件的数据一次性全部替换。

## （六）新建并保存工作簿

新建一个名为“学生成绩表.xlsx”的工作簿。

（1）选择【开始】/【所有程序】/【Microsoft Office】/【Microsoft Excel 2010】菜单命令，启动 Excel 2010，然后选择【文件】/【新建】菜单命令，在窗口中间的“可用模板”列表框中选择“空白工作簿”选项，在右下角单击“创建”按钮。

（2）选择【文件】/【保存】菜单命令，在打开的“另存为”对话框的“保存位置”下拉列表框中选择文件保存路径，在“文件名”下拉列表框中输入文件名称，然后单击保存(S)按钮。

## （七）输入工作表数据

在表格中输入需要的文本和数字数据。

（1）单击 A1 单元格，在其中输入文本，然后按【Enter】键切换到 A2 单元格，在其中输入文本。

（2）按【Tab】键或【→】键切换到 B2 单元格，在其中输入所需文本，并使用相同的方法在后面单元格中输入其他文本。

（3）单击 A3 单元格，在其中输入“1”，将鼠标指针移动到单元格右下角，当其变为+形状时，按住【Ctrl】键拖动鼠标至 A13 单元格，此时 A4:A13 单元格区域将自动生成序号。

（4）拖动鼠标选择 B3:B13 单元格区域，在【开始】/【数字】组中的“数字格式”下拉列表中选择“文本”选项，再在 B3 单元格中输入学号“20150901401”，然后利用控制柄在 B4:B13 单元格区域自动填充。

## （八）设置数据有效性

设置 D3:G13 单元格区域中只能输入 0~100 之间的整数，H3:H13 单元格区域只能选择“优,良,及格,不及格”选项。

（1）在 C3:C13 单元格区域中输入学生姓名，然后选择 D3:G13 单元格区域。

（2）在【数据】/【数据工具】组中单击“数据有效性”按钮，打开“数据有效性”对话框，在“允许”下拉列表中选择“整数”选项，在“数据”下拉列表中选择“介于”选项，在“最小值”和“最大值”文本框中分别输入数据 0 和 100。

（3）单击“输入信息”选项卡，在“标题”文本框中输入“注意”文本，在“输入信息”文本框中输入提示文本，如“请输入 0~100 之间的整数”文本。

（4）单击“出错警告”选项卡，在“标题”文本框中输入“出错”文本，在“错误信息”文本框中输入提示文本，如“输入的数据不在正确范围内，请重新输入”文本，完成后单击确定按钮。

（5）在单元格中依次输入相关课程的学生成绩，选择 H3:H13 单元格区域，打开“数据有效性”对话框，在“设置”选项卡的“允许”下拉列表中选择“序列”选项，在“来源”文本框中输入“优,良,及格,不及格”文本。

（6）单击 H3:H13 单元格区域中的任意单元格，然后单击单元格右侧的下拉按钮，在打开的下拉列表中选择需要的选项即可。

## （九）设置单元格格式

合并 A1:H1 单元格区域，设置字符格式为“方正兰亭粗黑简体、18”，表题字符格式为“方正中等线简体、12”，填充颜色为“茶色，背景 2，深色 25%”，正文数据居中对齐。

（1）选择单元格区域，在【开始】/【对齐方式】组中单击“合并后居中”按钮或单击该按钮右侧的下拉按钮，在打开的下拉列表中选择“合并后居中”选项。

（2）在【开始】/【字体】组中可设置单元格中数据的字体、字号、对齐方式或字体颜色等。

## （十）设置条件格式

设置当 D3:G13 单元格区域和 H3:H13 单元格区域数值小于 60 时显示格式为“加粗倾斜、红色”。

（1）选择单元格区域，在【开始】/【样式】组中单击“条件格式”按钮，在打开的下拉列表中选择“新建规则”选项，打开“新建格式规则”对话框。

（2）在“选择规则类型”列表框中选择“只为包含以下内容的单元格设置格式”选项，在“编辑规则说明”栏中的条件格式下拉列表中进行设置，并在后面的数据框中输入数据。

（3）单击[格式(F)...]按钮，打开“设置单元格格式”对话框，在“字体”选项卡中设置字型为“加粗倾斜”，设置颜色为标准色中的红色。

## （十一）调整行高和列宽

通过拖动鼠标和对话框两种方式调整行高和列宽。

（1）选择F列，在【开始】/【单元格】组中单击“格式”按钮，在打开的下拉列表中选择“自动调整列宽”选项。

（2）将鼠标指针移到第1行行号间的间隔线上，当鼠标指针变为┿形状时，按住鼠标左键不放向下拖动，此时鼠标指针右侧将显示具体的数据，待拖动至适合的距离后释放鼠标。

（3）选择第2～13行，在【开始】/【单元格】组中单击“格式”按钮，在打开的下拉列表中选择“行高”选项，在打开的“行高”对话框的数值框中默认显示为“13.5”，根据需要输入具体数值后单击[确定]按钮，调整行高。

## （十二）设置工作表背景

为工作表应用“背景.jpg”图片：在【页面布局】/【页面设置】组中单击[背景]按钮，在打开的“工作表背景”对话框左上角的下拉列表框中选择背景图片的保存路径，在中间区域选择图片，然后单击[确定]按钮。

# 任务二 编辑产品价格表

## （一）选择工作表

- 选择单张工作表。单击工作表标签，可选择对应的工作表。
- 选择连续的多张工作表。单击选择第1张工作表，按住【Shift】键不放的同时选择其他工作表。
- 选择不连续的多张工作表。选择第1张工作表，按住【Ctrl】键不放的同时选择其他工作表。
- 选择全部工作表。在工作表上单击鼠标右键，在弹出的快捷菜单中选择“选定全部工作表”命令。

## （二）隐藏与显示工作表

（1）选择需要隐藏的工作表，然后在其上单击鼠标右键，在弹出的快捷菜单中选择“隐藏”命令即可隐藏所选的工作表。

（2）在任意工作表上单击鼠标右键，在弹出的快捷菜单中选择“取消隐藏”命令，在打开的“取消隐藏”对话框的列表框中选择需显示的工作表，然后单击[确定]按钮即可将隐藏的工作表显示出来。

## （三）设置超链接

（1）单击选择需要设置超链接的单元格，在【插入】/【超链接】组中单击“超链接”按钮，打开“插入超链接”对话框。

（2）在打开的对话框中可根据需要设置链接对象的位置，完成后单击[确定]按钮。

## （四）套用表格格式

（1）选择单元格区域，在【开始】/【样式】组中单击“套用表格格式”按钮，在打开的下拉列表中选择一种表格样式选项。

（2）套用表格格式后，将激活表格工具“设计”选项卡，在其中可重新设置表格样式和表格样式选项。在“工具”组中单击转换为区域按钮可将套用的表格样式转换为普通的单元格区域。

## （五）打开工作簿

（1）在Excel 2010工作界面中选择【文件】/【打开】命令。

（2）打开“打开”对话框，在左上角的下拉列表框中选择文件路径，在中间的列表框中选择需要打开的工作簿，完成后单击打开(O)按钮。

## （六）插入与删除工作表

### 1. 插入工作表

插入一张空白工作表。

（1）在“Sheet1”工作表上单击鼠标右键，在弹出的快捷菜单中选择“插入”命令。

（2）在打开的“插入”对话框的“常用”选项卡下的列表框中选择“工作表”选项，然后单击确定按钮。

### 2. 删除工作表

（1）删除“产品价格表.xlsx”工作簿中的“Sheet2”“Sheet3”和“Sheet4”工作表。

（2）选择工作表，在其上单击鼠标右键，在弹出的快捷菜单中选择“删除”命令。

## （七）移动与复制工作表

复制“Sheet1”工作表。

（1）在“Sheet1”工作表上单击鼠标右键，在弹出的快捷菜单中选择“移动或复制”命令。

（2）在打开的“移动或复制工作表”对话框的“下列选定工作表之前”列表框中选择移动工作表的位置，这里选择“移至最后”选项。单击选中“建立副本”复选框则复制工作表，完成后单击确定按钮。

## （八）重命名工作表

将“Sheet1”工作表重命名为“BS系列”。

（1）双击工作表标签，或在工作表标签上单击鼠标右键，在弹出的快捷菜单中选择“重命名”命令。

（2）输入重命名的名称，然后按【Enter】键或在工作表中的任意位置单击取消编辑状态。

## （九）拆分工作表

在“产品价格表.xlsx”工作簿的“BS系列”工作表中以C4单元格为中心拆分工作表。

（1）在工作表中选择需拆分的单元格，然后在【视图】/【窗口】组中单击拆分按钮。

（2）此时工作簿将以该单元格为中心拆分为4个窗格，在任意一个窗格中选择单元格，然后滚动鼠标滚轴即可显示出工作表中的其他数据。

## （十）冻结窗格

在“产品价格表.xlsx”工作簿的“MB系列”工作表中以B3单元格为冻结中心冻结窗格。

（1）选择工作表，选择所需单元格作为冻结中心，然后单击“视图”选项卡，在“窗口”组中单击冻结窗格按钮，在打开的下拉列表中选择“冻结拆分窗格”选项。

（2）返回工作表中，将保持该单元格上方和左侧的行和列位置不变，然后拖动水平滚动条或垂直滚动条，即可查看工作表的其他部分而不移动设置的表头所在的行和列。

## （十一）设置工作表标签颜色

在“产品价格表.xlsx”工作簿中分别设置工作表标签颜色为黄色和深蓝：在工作表上单击鼠标右键，在弹出的快捷菜单中选择【工作表标签颜色】/【红色，强调文字颜色 2】命令，即可完成工作表标签颜色的设置。

## （十二）预览并打印表格数据

### 1. 打印整个工作表

在“产品价格表.xlsx”工作簿中预览并打印工作表。

（1）选择【文件】/【打印】命令，在窗口右侧预览工作表的打印效果，在窗口中间列表框“设置”栏的“纵向”下拉列表中选择“横向”选项设置纸张方向，再在窗口中间列表框的下方单击页面设置按钮。

（2）在打开的“页面设置”对话框中单击“页边距”选项卡，在“居中方式”栏中单击选中“水平”和“垂直”复选框，然后单击确定按钮。

### 2. 打印区域数据

在“产品价格表.xlsx”工作簿中设置打印的区域为 A1:F4 单元格区域。

（1）选择需打印的单元格区域，在“页面布局”选项卡的“页面设置”组中单击打印区域按钮，在打开的下拉列表中选择“设置打印区域”选项，所选区域四周将出现虚线框，表示该区域将被打印。

（2）选择【文件】/【打印】菜单命令，单击“打印”按钮即可。

## （十三）保护表格数据

### 1. 保护单元格

在“产品价格表.xlsx”工作簿中为“RF 系列”工作表的 E3:E20 单元格区域设置保护功能。

（1）选择“RF 系列”工作表，选择 E3:E20 单元格区域，在其上单击鼠标右键，在弹出的快捷菜单中选择“设置单元格格式”命令。

（2）在打开的“设置单元格格式”对话框中单击“保护”选项卡，单击选中“锁定”和“隐藏”复选框，然后单击确定按钮完成单元格保护功能的设置。

### 2. 保护工作表

在“产品价格表.xlsx”工作簿中设置工作表的密码为 123。

（1）在【审阅】/【更改】组中单击保护工作表按钮。在打开的“保护工作表”对话框的“取消工作表保护时使用的密码”文本框中输入需保护工作表的密码，然后单击确定按钮。

（2）在打开的“确认密码”对话框的“重新输入密码”文本框中输入与前面相同的密码，然后单击确定按钮，返回工作簿中可发现相应选项卡中的按钮或命令显示为灰色状态即不可用状态。

3. 保护工作簿

在“产品价格表.xlsx”工作簿中设置工作簿的密码为123。

（1）在【审阅】/【更改】组中单击“保护工作簿”按钮。在打开的“保护结构和窗口”对话框中单击选中“窗口”复选框，表示在每次打开工作簿时工作簿窗口的大小和位置都相同，然后在“密码”文本框中输入密码，单击“确定”按钮。

（2）在打开的“确认密码”对话框的“重新输入密码”文本框中输入相同的密码，单击“确定”按钮。

# 项目七　计算和分析 Excel 数据

## 任务一　制作产品销售测评表

### （一）使用公式计算数据

#### 1．输入公式

选择要输入公式的单元格，在单元格或编辑栏中输入“=”，接着输入公式内容，完成后按【Enter】键或单击编辑栏上的“输入”按钮✓即可。

在单元格中输入公式后，按【Enter】键可在计算出公式结果的同时选择同列的下一个单元格；按【Tab】键可在计算出公式结果的同时选择同行的下一个单元格；按【Ctrl+Enter】组合键则可在计算出公式结果后使当前单元格仍保持被选择状态。

#### 2．编辑公式

选择含有公式的单元格，将文本插入点定位在编辑栏或单元格中需要修改的位置，按【BackSpace】键删除多余或错误的内容，再输入正确的内容。完成后按【Enter】键。

#### 3．复制公式

通常使用“常用”工具栏或菜单进行复制粘贴，也可拖动控制柄使用快速填充的方法进行复制。选中添加了公式的单元格，按【Ctrl+C】组合键进行复制，然后将鼠标光标定位到要复制到的单元格，按【Ctrl+V】组合键进行粘贴，即可完成公式的复制。

### （二）使用求和函数 SUM 计算营业总额

在 H4 单元格中计算“B4:G4”单元格区域的和。

（1）选择单元格，在【公式】/【函数库】组中单击Σ 自动求和按钮。此时，便在该单元格中插入了求和函数“SUM”，同时 Excel 将自动识别函数求和所需的参数（B4:G4）。

（2）单击编辑区中的“输入”按钮✓，应用函数的计算结果，将鼠标指针移动到该单元格右下角，当其变为+形状时，按住鼠标左键不放向下拖曳，直至目标单元格后释放鼠标左键，系统将自动填充。

### （三）使用平均值函数 AVERAGE 计算月平均营业额

在 I4 单元格中计算月平均营业额。

（1）选择 I4 单元格，在【公式】/【函数库】组中单击“自动求和”按钮Σ下方的按钮▾，在打开的下拉列表中选择“平均值”选项。

（2）此时，系统自动在 I4 单元格中插入平均值函数“AVERGE”，同时 Excel 将自动识别函数参数“B4:H4”，也可手动将其更改为正确的单元格区域。

（3）单击编辑区中的“输入”按钮✓，应用函数的计算结果。

（4）将鼠标指针移动到 I4 单元格右下角，当其变为+形状时，按住鼠标左键不放向下拖曳，直至 I15 单元格再释放鼠标左键，系统将自动填充。

### （四）使用最大值函数 MAX 和最小值函数 MIN 计算营业额

在 B16 单元格中计算营业额。

（1）选择 B16 单元格，在【公式】/【函数库】组中单击Σ 自动求和按钮右侧的按钮，在打开的下拉列表中选择“最大值”选项。

（2）此时，系统自动在 B16 单元格中插入最大值函数“MAX”，同时，Excel 2010 将自动识别函数参数“B4:B15”，也可手动将其更改为正确的单元格区域。

（3）单击编辑区中的“输入”按钮，确认函数的应用计算结果，将鼠标指针移动到 B16 单元格右下角，当其变为+形状时，按住鼠标左键不放向右拖曳至 I16 单元格，释放鼠标左键，系统将自动计算出最大值。

（4）选择 B17 单元格，在【公式】/【函数库】组中单击Σ 自动求和按钮右侧的下拉按钮，在打开的下拉列表中选择“最小值”选项。

（5）此时，系统自动在 B16 单元格中插入最小值函数“MIN”，同时 Excel 将自动识别函数参数“B4:B16”，也可手动将其更改为需计算的正确单元格区域。

（6）单击编辑区中的“输入”按钮，应用函数的计算结果。

（7）将鼠标指针移动到 B16 单元格右下角，当其变为+形状时，按住鼠标左键不放向右拖曳至 I16 单元格再释放鼠标左键，系统将自动计算出最小值。

### （五）使用排名函数 RANK 计算名次

在 J4 单元格中计算名次。

（1）选择 J4 单元格，在【公式】/【函数库】组中单击“插入函数”按钮fx或按【Shift+F3】组合键，打开“插入函数”对话框。

（2）在“或选择类别”下拉列表框中选择“常用函数”选项，在“选择函数”列表框中选择“RANK”选项，单击确定按钮。

（3）打开“函数参数”对话框，在“Number”文本框中输入“H4”，单击“Ref”文本框右侧“收缩”按钮。

（4）此时该对话框呈收缩状态，拖曳鼠标，选择要计算的单元格区域，单击右侧的“拓展”按钮。

（5）返回到“函数参数”对话框，利用【F4】键将“Ref”文本框中的单元格引用地址转换为绝对引用，单击确定按钮。

（6）返回到操作界面即可查看排名情况。将鼠标指针移动到 J4 单元格右下角，当其变为+形状时，按住鼠标左键不放向下拖曳至 J15 单元格，释放鼠标左键，系统将显示每个名次。

### （六）使用 IF 嵌套函数计算等级

在 K4 单元格中计算等级。

（1）选择 K4 单元格，单击编辑栏中的“插入函数”按钮fx或按【Shift+F3】组合键，打开“插入函数”对话框。

（2）在“或选择类别”下拉列表中选择“逻辑”选项，在“选择函数”列表框中选择“IF”选项，单击确定按钮。

（3）打开“函数参数”对话框，分别在 3 个文本框中输入判断条件和返回逻辑值，单击确定按钮。

（4）返回到操作界面，由于 H4 单元格中的值大于“510”，因此在 K4 单元格中显示“优秀”，将鼠标指针移动到 K4 单元格右下角，当其变为+形状时，按住鼠标左键不放向下拖曳至 K15 单元格，释放鼠标左键，系统将分析其他数据是否满足优秀条件，若低于“510”，则返回“合格”。

### （七）使用 INDEX 函数查询营业额

在 B19 单元格查询营业额。

（1）选择 B19 单元格，在编辑栏中输入“=INDEX(”。此时，编辑栏下方将自动提示 INDEX 函数的参数输入规则。拖曳鼠标选择 A4:G15 单元格区域，编辑栏中将自动录入“A4:G15”。

（2）继续在编辑栏中输入参数“，2，3)”，单击编辑栏中的“输入”按钮✓，确认应用该函数并计算结果。

（3）选择 B20 单元格，在编辑栏中输入“=INDEX(”，拖曳鼠标选择“A4:G15”单元格区域，编辑栏中将自动录入“A4:G15”。

（4）继续在编辑栏中输入参数“，3，6)”，按【Ctrl+Enter】组合键确认函数的公式，并计算该结果。

## 任务二　统计分析员工绩效表

### （一）排序员工绩效表数据

按照“季度总产量”排序数据。

（1）选择任意单元格，在【数据】/【排序和筛选】组中单击“升序”按钮，此时即可将数据按照“季度总产量”由低到高进行排序。

（2）选择 A2:G14 单元格区域，在“排序和筛选”组中单击“排序”按钮。

（3）打开“排序”对话框，在“主要关键字”下拉列表框中选择“季度总产量”选项，在“排序依据”下拉列表框中选择“数值”选项，在“次序”下拉列表框中选择“降序”选项，单击 确定 按钮。

（4）打开“排序”对话框，单击 添加条件(A) 按钮，在“次要关键字”下拉列表框中选择“3月份”选项，在“排序依据”下拉列表框中选择“数值”选项，在“次序”下拉列表框中选择“降序”选项，单击 确定 按钮。

（5）此时即可对数据表先按照“季度总产量”序列降序排列，对于“季度总产量”列中相同的数据，则按照“3 月份”序列进行降序排列。

（6）选择【文件】/【选项】命令，打开“Excel 选项”对话框，在左侧的列表中单击“高级”选项卡，在右侧列表框的“常规”栏中单击 编辑自定义列表(O)... 按钮。

（7）打开“自定义序列”对话框，在“输入序列”文本框中输入序列字段“流水，装配，检验，运输”，单击 添加(A) 按钮，将自定义字段添加到左侧的“自定义序列”列表框中。

（8）单击 确定 按钮关闭“Excel 选项”对话框，返回到数据表，选择任意一个单元格，在“排序和筛选”组中单击“排序”按钮，打开“排序”对话框。

（9）在“主要关键字”下拉列表框中选择“工种”选项，在“次序”下拉列表框中选择“自定义序列”选项，打开“自定义序列”对话框，在“自定义序列”列表框中选择前面创建的序列，单击 确定 按钮。

（10）返回到“排序”对话框，在“次序”下拉列表框中即显示设置的自定义序列，单击确定按钮。

（11）此时即可将数据表按照“工种”序列中的自定义序列进行排序。

## （二）筛选员工绩效表数据

### 1. 自动筛选

在“员工绩效表.xlsx”工作簿中筛选出工种为“装配”的员工的绩效数据。

（1）选择工作表中的任意单元格，在【数据】/【排序和筛选】组中单击“筛选”按钮，进入筛选状态，列标题单元格右侧显示出“筛选”下拉按钮。

（2）在 C2 单元格中，单击“筛选”下拉按钮，在打开的下拉列表框中取消选中“检验”“流水”“运输”复选框，仅单击选中“装配”复选框，单击确定按钮。

（3）此时将在数据表中显示工种为“装配”的员工数据，而将其他员工数据全部隐藏。

### 2. 自定义筛选

在“员工绩效表.xlsx”工作簿中筛选出季度总产量大于“1540”的相关信息。

（1）打开表格，单击“筛选”按钮，进入筛选状态。在“季度总产量”单元格中单击“筛选”下拉按钮。在打开的下拉列表框中选择“数字筛选”选项，在打开的子列表中选择“大于”选项。

（2）打开“自定义自动筛选方式”对话框，在“季度总产量”栏“大于”右侧的文本框中输入“1540”，单击确定按钮。

### 3. 高级筛选

在“员工绩效表.xlsx”工作簿中筛选出 1 月份产量大于“510”，季度总产量大于“1556”的数据。

（1）打开表格，在 C16 单元格中输入筛选序列“1 月份”，在 C17 单元格中输入条件“>510”，在 D16 单元格中输入筛选序列“季度总产量”，在 D17 单元格中输入条件“>1556”，在表格中选择任意的单元格，在“排序和筛选”组中单击高级按钮。

（2）打开“高级筛选”对话框，单击选中“将筛选结果复制到其他位置”单选项。此时，“列表区域”自动设置为“$A$2:$G$14”，在“条件区域”文本框中输入“$C$16:$D$17”，在“复制到”文本框中输入“$A$18:$G$25”，单击确定按钮。

（3）此时即可在原数据表下方的 A18:G19 单元格区域中单独显示出筛选结果。

### 4. 使用条件格式

在“员工绩效表.xlsx”工作簿中将月产量大于“500”的数据以浅红色填充显示。

（1）选择 D3:G14 单元格区域，在【开始】/【样式】组中单击“条件格式”按钮，在打开的下拉列表中选择“突出显示单元格规则”选项，在打开的子列表中选择“大于”选项。

（2）打开“大于”对话框，在数值框中输入“500”，在“设置为”下拉列表框中选择颜色选项，单击确定按钮。

（3）此时即可在原数据表下方的 A18:G19 单元格区域中单独显示出筛选结果，还可将 D3:G14 单元格区域中所有数据大于所输入数据的单元格以浅红色填充显示。

## （三）对数据进行分类汇总

按照“工种”对数据进制汇总查看。

（1）选择单元格，在“排序和筛选”组中单击“升序”按钮，对数据进行排序。

（2）单击“分级显示”按钮，在“分级显示”组中单击“分类汇总”按钮，打开“分类汇总”对话框，在“分类字段”下拉列表框中选择“工种”选项，在“汇总方式”下拉列表框中选择“求和”选项，在“选定汇总项”列表框中单击选中“季度总产量”复选框，单击确定按钮。

（3）此时即可对数据表进行分类汇总，同时直接在表格中显示汇总结果。

（4）在 C 列中选择任意单元格，使用相同的方法打开“分类汇总”对话框，在“汇总方式”下拉列表框中选择“平均值”选项，在“选定汇总项”列表框中单击选中“季度总产量”复选框，撤销选中“替换当前分类汇总”复选框，单击确定按钮。

（5）在前面的汇总数据表的基础上继续添加分类汇总，即可同时查看不同工种每季度的平均产量。

### （四）创建并编辑数据透视表

为“员工绩效表.xlsx”工作簿创建数据透视表。

（1）选择单元格区域，在【插入】/【表格】组中单击“数据透视表”按钮，打开“创建数据透视表”对话框。

（2）由于已经选定了数据区域，所以此时只需设置放置数据透视表的位置。这里单击选中“新工作表”单选项，单击确定按钮。

（3）此时，即可新建一张工作表，并在其中显示空白数据透视表，而右侧则显示出“数据透视表字段列表”窗格。

（4）在“数据透视表字段列表”窗格中将“工种”字段拖曳到“报表筛选”下拉列表框中，数据表中将自动添加筛选字段。然后用同样的方法将“姓名”和“编号”字段拖曳到“报表筛选”下拉列表框中。

（5）再使用相同的方法按顺序将“1 月份 ~ 季度总产量”字段拖曳到“数值”下拉列表框中。

（6）在创建好的数据透视表中单击“工种”字段后的下拉按钮，在打开的下拉列表框中选择“流水”选项，单击确定按钮，即可在表格中显示该工种下所有员工的汇总数据。

### （五）创建数据透视图

根据“员工绩效表.xlsx”工作簿中的数据透视表创建数据透视图。

（1）在【数据透视表工具-选项】/【工具】组中单击“数据透视图”按钮，打开“插入图表”对话框。在左侧的列表中单击“柱形图”选项卡，在右侧列表框的“柱形图”栏中选择“三维簇状柱形图”选项，单击确定按钮，即可在数据透视表的工作表中添加数据透视图。

（2）在创建好的数据透视图中，单击姓名按钮，在打开的下拉列表框中单击选中“全部”复选框，单击确定按钮，即可在数据透视图中看到所有员工的数据求和项。

## 任务三　制作销售分析图表

### （一）创建图表

为“销售分析表.xlsx”工作簿创建图表。

（1）打开素材文件，选择 A3:F15 单元格区域，在【插入】/【图表】组中单击“柱形图”

按钮，在打开的下拉列表的“二维柱形图”栏中选择“簇状柱形图”选项。

（2）此时即可在当前工作表中创建一个柱形图，图表中显示了各公司每月的销售情况。将鼠标指针指向图表中的某一系列，即可查看该系列对应的分公司在该月的销售数据。

（3）在【设计】/【位置】组中单击“移动图表”按钮，打开“移动图表”对话框，单击选中“新工作表”单选项，在文本框中输入工作表的名称，单击确定按钮。

（4）此时图表将移动到新工作表中，同时图表将自动调整为适合工作表区域的大小。

## （二）编辑图表

对创建的图表进行自定义编辑。

（1）选择创建好的图表，在图表工具的【设计】/【数据】组中单击“选择数据”按钮，打开“选择数据源”对话框，单击“图表数据区域”文本框右侧的按钮。

（2）对话框将折叠，在工作表中选择 A3:E15 单元格区域，单击按钮打开“选择数据源”对话框，在“图例项（系列）”和“水平（分类）轴标签”列表框中即可看到修改的数据区域。

（3）单击确定按钮，返回图表，即可看出图表显示序列发生的变化。

（4）在【设计】/【类型】组中单击“更改图表类型”按钮，打开“更改图表类型”对话框，在左侧的列表框中单击“条形图”选项卡，在右侧列表框的“条形图”栏中选择“三维簇状条形图”选项，单击确定按钮。

（5）更改所选图表的类型与样式，更改后，图表中展现的数据并不会发生变化。

（6）在【设计】/【图表样式】组中单击“快速样式”按钮，在打开的下拉列表框中选择“样式 42”选项，此时即可更改所选图表样式。

（7）在【设计】/【图表布局】组中单击“快速布局”按钮，在打开的下拉列表框中选择“布局 5”选项，可将所选图表的布局更改为同时显示数据表与图表。

（8）在图表区中单击任意一条绿色数据条，Excel 将自动选中图表中所有的该数据系列，在【格式】/【图表样式】组中单击“其他”按钮。

（9）在打开的下拉列表框中选择“强烈效果-橙色，强调颜色 6”选项，图表中该序列的样式亦随之发生变化。在“当前所选内容”组中的下拉列表框中选择“水平（值）轴主要网格线”选项。在“形状样式”组的列表框中选择一种网格线的样式，这里选择“粗线-强调颜色 3”选项。

（10）在图表空白处单击选择整个图表，在“形状样式”组中单击形状填充按钮，在打开的下拉列表中选择【纹理】/【绿色大理石】选项，完成图表样式的设置。

（11）在【布局】/【标签】组中单击“图表标题”按钮，在打开的下拉列表中选择“图表上方”选项，此时在图表上方显示图表标题文本框，单击后输入图表标题内容，这里输入“2015 销售分析表”。

（12）在“标签”组中单击“坐标轴标题”按钮，在打开的下拉列表中选择【主要纵坐标轴标题】/【竖排标题】选项。

（13）在水平坐标轴下方显示出坐标轴标题框，单击后输入“销售月份”，在“标签”组中单击“图例”按钮，在打开的下拉列表中选择“在右侧覆盖图例”选项，即可将图例显示在图表右侧并且不改变图表的大小。

（14）在“标签”组中单击“数据标签”按钮，在打开的下拉列表中选择“显示”选项，即可在图表的数据序列上显示数据标签。

## （三）使用趋势线

为“销售分析表.xlsx”工作簿中的图表添加趋势线。

（1）在【设计】/【类型】组中单击“更改图表类型”按钮，打开“更改图表类型”对话框，在左侧单击“柱形图”选项卡，在右侧列表框的“柱形图”栏中选择“簇状柱形图”选项，单击确定按钮。

（2）在图表中单击需要设置趋势线的数据系列。在【布局】/【分析】组中单击“趋势线”按钮，在打开的下拉列表中选择“双周期移动平均”选项，添加趋势线，右侧的图例下方将显示出趋势线信息。

## （四）插入迷你图

在第 16 行单元格中为数据创建迷离图。

（1）选择 B16 单元格，在【插入】/【迷你图】组中单击“折线图”按钮，打开“创建迷你图”对话框，在“选择所需数据”栏的“数据范围”文本框中输入数据区域“B4:B15”，单击确定按钮即可看到插入的迷你图。

（2）选择 B16 单元格，在【设计】/【显示】组中单击选中“高点”和“低点”复选框，在“样式”组中单击“标记颜色”按钮，在打开的下拉列表中选择【高点】/【红色】选项。

（3）使用相同的方法将低点设置为“绿色”，拖动单元格控制柄为其他数据序列快速创建迷你图。

# 项目八　PowerPoint 2010 基本操作

## 任务一　制作工作总结演示文稿

### （一）演示文稿的基本操作

#### 1. 新建演示文稿

启动 PowerPoint 2010 后，选择【文件】/【新建】命令，将在工作界面右侧显示所有与演示文稿新建相应的选项。

#### 2. 打开演示文稿

- 打开演示文稿的一般方法。启动 PowerPoint 2010 后，选择【文件】/【打开】命令或按【Ctrl+O】组合键，打开“打开”对话框，在其中选择需要打开的演示文稿，单击 打开(O) 按钮。
- 打开最近使用的演示文稿。选择【文件】/【最近所用文件】命令，在打开的页面中将显示出最近使用的演示文稿名称和保存路径，然后选择需打开的演示文稿完成操作。
- 以只读方式打开演示文稿。选择【文件】/【打开】命令，单击 打开(O) 按钮右侧的下拉按钮，在弹出的下拉列表框中选择“以只读方式打开”选项。
- 以副本方式打开演示文稿。在打开的“打开”对话框中选择需打开的演示文稿后，单击 打开(O) 按钮右侧的下拉按钮，在打开的下拉列表框中选择“以副本方式打开”选项，在打开的演示文稿“标题”栏中将显示“副本”字样。

#### 3. 保存演示文稿

- 直接保存演示文稿。选择【文件】/【保存】命令或单击快速访问工具栏中的“保存”按钮，打开“另存为”对话框，选择保存位置并输入文件名后，单击 保存(S) 按钮。当执行过一次保存操作后，再次选择【文件】/【保存】命令或单击“保存”按钮，可直接保存。
- 另存为演示文稿。选择【文件】/【另存为】命令，打开“另存为”对话框，设置保存的位置和文件名，单击 保存(S) 按钮。
- 将演示文稿保存为模板。选择【文件】/【保存】命令，打开“另存为”对话框，在“保存类型”下拉列表框中选择“PowerPoint 模板”选项，单击 保存(S) 按钮。
- 保存为低版本演示文稿。在“另存为”对话框的“保存类型”下拉列表框中选择“PowerPoint 97—2003 演示文稿”选项。
- 自动保存演示文稿。选择【文件】/【选项】命令，打开“PowerPoint 选项”对话框，选择“保存”选项卡，在“保存演示文稿”栏中单击选中两个复选框，然后在“自动恢复文件位置”文本框中输入当文件未保存就关闭时的临时保存位置，单击 确定 按钮。

#### 4. 关闭演示文稿

- 单击按钮关闭。单击 PowerPoint 2010 工作界面标题栏右上角的按钮，关闭演示文稿并退出 PowerPoint 程序。
- 通过快捷菜单关闭。在 PowerPoint 2010 工作界面标题栏上单击鼠标右键，在弹出的快捷菜单中选择“关闭”命令。
- 通过命令关闭。选择【文件】/【关闭】命令，关闭当前演示文稿。

### （二）幻灯片的基本操作

#### 1. 新建幻灯片

- 通过快捷菜单新建幻灯片。在工作界面左侧的“幻灯片”浏览窗格中需要新建幻灯片的位置，单击鼠标右键，在弹出的快捷菜单中选择“新建幻灯片”命令。
- 通过选项卡新建幻灯片。选择【开始】/【幻灯片】组，单击“新建幻灯片”按钮下的下拉按钮，在打开的下拉列表框中选择新建幻灯片的版式，将新建一张带有版式的幻灯片。
- 通过快捷键新建幻灯片。在幻灯片窗格中，选择任意一张幻灯片的缩略图，按【Enter】键将在选择的幻灯片后新建一张与所选幻灯片版式相同的幻灯片。

#### 2. 选择幻灯片

- 选择单张幻灯片。在“幻灯片/大纲”浏览窗格或“幻灯片浏览”视图中，单击幻灯片缩略图。
- 选择多张相邻的幻灯片。在“大纲/幻灯片”浏览窗格或“幻灯片浏览”视图中，单击要连续选择的第 1 张幻灯片，按住【Shift】键不放，再单击需选择的最后一张幻灯片，释放【Shift】键后两张幻灯片之间的所有幻灯片均被选择。
- 选择多张不相邻的幻灯片。在“大纲/幻灯片”浏览窗格或“幻灯片浏览”视图中，单击要选择的第 1 张幻灯片，按住【Ctrl】键不放，再依次单击需选择的幻灯片。
- 选择全部幻灯片。在“大纲/幻灯片”浏览窗格或“幻灯片浏览”视图中，按【Ctrl+A】组合键，可选择全部幻灯片。

#### 3. 移动和复制幻灯片

- 通过鼠标拖动。选择需移动的幻灯片，按住鼠标左键不放拖动到目标位置后释放鼠标左键完成移动操作；选择幻灯片后，按住【Ctrl】键的同时拖动幻灯片到目标位置也可实现幻灯片的复制。
- 通过菜单命令。选择需移动或复制的幻灯片，在其上单击鼠标右键，在弹出的快捷菜单中选择“剪切”或“复制”命令。将鼠标定位到目标位置，单击鼠标右键，在弹出的快捷菜单中选择“粘贴”命令，完成移动或复制幻灯片。
- 通过快捷键。选择需移动或复制的幻灯片，按【Ctrl+X】组合键（移动）或【Ctrl+C】组合键（复制），然后在目标位置按【Ctrl+V】组合键，完成移动或复制操作。

#### 4. 删除幻灯片

选择需删除的一张或多张幻灯片后，按【Delete】键或单击鼠标右键，在弹出的快捷菜单中选择“删除幻灯片”命令。

### （三）新建幻灯片并输入文本

在标题幻灯片中输入主标题和副标题文本，然后新建第2张幻灯片，其版式为“内容与标题”，再在各占位符中输入演示文稿的目录内容。

（1）新建的演示文稿有一张标题幻灯片，在“单击此处添加标题”占位符中单击，其文本框中的文字将自动消失，切换到中文输入法输入文本。

（2）在副标题占位符中单击，然后输入文本。

（3）在“幻灯片”浏览窗格中将鼠标定位到标题幻灯片后，选择【开始】/【幻灯片】组，单击“新建幻灯片”按钮下的下拉按钮，在打开的列表框中选择“内容与标题”选项。

（4）在标题幻灯片后新建一张“内容与标题”版式的幻灯片，在各占位符中输入文本，按【Enter】键对文本进行分段。

### （四）文本框的使用

在幻灯片右上角插入一个横排文本框，在其中输入文本内容。

（1）选择【插入】/【文本】组，单击“文本框”按钮下的下拉按钮，在打开的列表框中选择“横排文本框”选项。

（2）此时鼠标指针变为↓形状，将鼠标指针移动到幻灯片右上角单击，输入文本即可。

### （五）复制并移动幻灯片

新建8张幻灯片，然后分别在其中输入需要的内容，再将第1张幻灯片复制到最后，最后调整第4张幻灯片的位置到第6张幻灯片后面。

（1）选择第1张幻灯片，按【Ctrl+C】组合键复制第1张幻灯片，然后选中最后一张幻灯片，按【Ctrl+V】组合键，粘贴第1张幻灯片。

（2）选择第4张幻灯片，按住鼠标左键不放，拖动到第6张幻灯片后释放鼠标左键，此时第4张幻灯片将移动到第6张幻灯片后。

### （六）编辑文本

在第10张幻灯片中移动文本的位置，然后复制文本并修改其内容；在第12张幻灯片中修改标题文本，再删除副标题文本。

（1）选择文本，按住鼠标左键不放，此时鼠标指针变为形状，拖动鼠标指针到其他文本前，可移动文本。

（2）选择文本，按【Ctrl+C】组合键或在选择的文本上单击鼠标右键，在弹出的快捷菜单中选择“复制”命令。将鼠标指针移动到目标位置，按【Ctrl+V】组合键或在选择的文本上单击鼠标右键，在弹出的快捷菜单中选择“粘贴”命令，可完成复制文本的操作。

（3）将鼠标光标定位到需删除的文本前，按【Delete】键，可删除后面多余的文字。选择文本，按【Delete】键或【BackSpace】键，可直接删除所选文本。

（4）选择文本，然后直接输入正确的文本，将在删除原有文本的同时添加新文本。

## 任务二　编辑产品上市策划演示文稿

### （一）设置幻灯片中的文本格式

打开“产品上市策划.pptx”演示文稿，在第4张幻灯片中将2、3、4、6、7、8段正文文本降级，然后将降级文本的字体格式设置为“楷体、加粗、22 号”；将未降级文本的颜色设置为“红色”。

（1）选择【文件】/【打开】命令打开“打开”对话框，选择需要打开的演示文稿，单击打开(O)按钮。

（2）选择幻灯片中的正文文本，按【Tab】键，选择的文本将降低一个等级。

（3）选择文本，选择【开始】/【字体】组，在“字体”下拉列表框和“字号”下拉列表框中分别设置字体和字号。

（4）选择文本，选择【开始】/【剪贴板】组，单击“格式刷”按钮，此时鼠标指针变为形状。使用鼠标拖动选择其他文本，可将所选文本格式复制到当前文本中。

（5）选择文本，选择【开始】/【字体】组，单击“字体颜色”按钮后的下拉按钮，在打开的颜色列表中选择设置的文本颜色。

## （二）插入艺术字

在第 2 张幻灯片中输入艺术字“目录”。要求样式为第 2 列的最后一排的效果，移动艺术字到幻灯片顶部，再将其字体设置为“华文琥珀”，然后将艺术字的填充效果设置为图片“橙汁”，将艺术字映象效果设置为第一列最后一项。

（1）选择【插入】/【文本】组，单击“艺术字”按钮下的下拉按钮，在打开的列表中选择艺术字效果。

（2）将出现一个艺术字占位符，在“请在此放置您的文字”占位符中单击，输入文本。

（3）将鼠标指针移动到艺术字四周的非控制点上，鼠标指针变为形状，按住鼠标左键不放拖动鼠标至幻灯片上方顶部，移动艺术字。

（4）选择艺术字，选择【开始】/【字体】组，在字体下拉列表框中选择所需选项，修改艺术字的字体。选择【格式】/【艺术字样式】组，单击文本填充按钮，在打开的下拉列表中可设置艺术字填充效果，如选择“图片”选项，打开“插入图片”对话框，选择需要填充到艺术字的图片，单击插入(S)按钮，可用图片填充艺术字。

（5）选择【格式】/【艺术字样式】组，单击文本效果按钮，在打开的列表中可设置和查看艺术字文本效果。

## （三）插入图片

在第 4 张幻灯片中插入“饮料瓶”图片，只需选择图片，在其缩小后放在幻灯片右边，图片向左旋转一点角度，再删除其白色背景，并设置阴影效果为“左上对角透视”；在第 11 张幻灯片中插入剪贴画“”。

（1）选择幻灯片，选择【插入】/【图像】组，单击“图片”按钮。打开“插入图片”对话框，在其中选择需要的图片，单击插入(S)按钮。返回 PowerPoint 工作界面即可看到插入图片后的效果。将鼠标指针移动到图片四角的圆形控制点上，拖动鼠标可调整图片大小。

（2）选择图片，将鼠标指针移到图片上任意位置，当鼠标指针变为形状时，拖动鼠标可调整图片位置。

（3）将鼠标指针移动到图片上方的绿色控制点上，当鼠标指针变为形状时，拖动鼠标可旋转图片。

（4）选择图片，选择【格式】/【调整】组，单击“删除背景”按钮，可设置需删除的图片背景。

（5）在“背景消除”选项卡中单击“关闭”组的“保留更改”按钮✓，可确认删除。

（6）选择【格式】/【图片样式】组，单击 图片效果 按钮，在打开的列表中可设置图片效果。

（7）单击占位符中的“剪贴画”按钮，打开“剪贴画”窗格，在“搜索文字”文本框中不输入任何内容（表示搜索所有剪贴画），单击选中“包括 Office.com 内容”复选框后，单击 搜索 按钮，在下方的列表框中选择需插入的剪贴画，可将剪贴画插入幻灯片的占位符中。

## （四）插入 SmartArt 图形

在第6、7张幻灯片中新建一个 SmartArt 图形，分别为“分段循环”和“棱锥型列表”，然后输入文字，其中第7张幻灯片中的 SmartArt 图形需要添加一个形状，并输入文字“神秘、饥饿促销”。接着编辑第8张幻灯片已有的 SmartArt 图形，包括更改布局为“圆箭头流程”，设置 SmartArt 样式为“金属场景”，设置艺术字样式为最后一排第3个。

（1）在“幻灯片”浏览窗格中选择幻灯片，单击占位符中的“插入 SmartArt 图形”按钮。

（2）打开“选择 SmartArt 图形”对话框，在其中选择 SmartArt 图形，单击 确定 按钮。

（3）在 SmartArt 图形中可输入文本。选择 SmartArt 图形中的一个形状，单击鼠标右键，在弹出的快捷菜单中选择【添加形状】/【在后面添加形状】命令，可添加一个形状，在该形状上单击鼠标右键，在弹出的快捷菜单中选择“编辑文字”选项，可输入文本。

（4）选择第8张幻灯片，选择其中的 SmartArt 图形，选择【设计】/【布局】组，在中间的列表框中选择“圆箭头流程”选项。

（5）选择【设计】/【SmartArt 样式】组，在中间的列表框中可设置 SmartArt 图形的样式。

（6）选择【格式】/【艺术字样式】组，在中间的列表框中可设置 SmartArt 图形的文本格式。

## （五）插入形状

绘制梯形和矩形，组合成房子的形状，在矩形中输入文字“学校”，设置文字的“字体”为“黑体”，“字号”为“20号”，“颜色”为“深蓝”，取消“倾斜”；绘制一个五边形；输入文字“分杯赠饮”，设置“字体”为“楷体”，“字形”为“加粗”，“字号”为“28号”，颜色为“白色”，段落居中，使文字距离文本框上方0.4厘米；设置房子的快速样式为第3排的第3个选项；组合绘制的几个图形，向下垂直复制两个组合后的图形，再分别修改其中的文字。

（1）选择幻灯片，选择【插入】/【插图】组，单击“形状”按钮，在打开的列表中选择一个形状选项，此时鼠标指针变为+形状，在幻灯片中拖动鼠标可绘制一个形状。

（2）在绘制的形状上单击鼠标右键，在弹出的快捷菜单中选择“编辑文字”选项，可输入文本。

（3）选择形状，单击鼠标右键，在弹出的快捷菜单中选择“设置形状格式”命令，在打开的“设置形状格式”对话框中可对形状的填充、线条、阴影、映象、三维效果等进行设置。

（4）选择形状，选择【格式】/【形状样式】组，在中间的列表框中为形状快速应用样式。

（5）同时选择多个形状，单击鼠标右键，在弹出的快捷菜单中选择【组合】/【组合】命令，可将其组合起来。

## （六）插入表格

在第10张幻灯片中制作一个表格，首先插入一个5行4列的表格，输入表格内容后向下移动鼠标，并增加表格的行距，然后在最后一列和最后一行后各增加一列和一行，并在其中输入文本，合并新增加的一行中除最后一个单元格外的所有单元格，设置该行的底纹颜色为“浅蓝”；为第一个单元格绘制一条白色的斜线，最后将表格的“单元格凹凸效果”设置为“圆”。

（1）选择幻灯片，单击占位符中的“插入表格”按钮，打开“插入表格”对话框，在“列数”数值框和“行数”数值框中输入数值，单击确定按钮。

（2）在幻灯片中插入一个表格，分别在各单元格中输入表格内容。

（3）将鼠标指针定位到表格中的任意位置单击，此时表格四周将出现一个操作框，将鼠标指针移动到操作框上，鼠标指针变为形状，按住【Shift】键不放的同时向下拖动鼠标，平行移动表格。

（4）将鼠标指针移动到表格操作框下方中间的控制点处，当鼠标指针变为形状时，拖动鼠标，调整表格各行的行距。

（5）将鼠标指针移动到某列上方后，当鼠标指针变为⬇形状时单击，选择这一列，在选择的区域中单击鼠标右键，在弹出的快捷菜单中选择【插入】/【在右侧插入列】命令，可插入一列表格。

（6）在“第三个月”列后面插入一个新列，输入“季度总计”的内容。

（7）选择多个单元格，选择【布局】/【合并】组，单击“合并单元格”按钮，可合并所选单元格。

（8）选择【设计】/【表格样式】组，单击底纹按钮，在打开的下拉列表中可为表格设置底纹。

（9）选择【设计】/【绘图边框】组，在其中可设置边框线型及其粗细，单击笔颜色按钮，在打开的列表中可设置边框颜色。

（10）单击“绘制表格”按钮，鼠标指针变为形状，移动鼠标指针到第 1 个单元格，从左上角到右下角按住鼠标左键不放，绘制一个斜线表头。

（11）选择整个表格，选择【设计】/【表格样式】组，单击效果按钮，在打开的列表中可设置表格样式。

### （七）插入媒体文件

在演示文稿中插入一个音乐文件，并设置该音乐跨幻灯片循环播放，在放映幻灯片时不显示声音图标。

（1）选择第 1 张幻灯片，选择【插入】/【媒体】组，单击“音频”按钮，在打开的列表中选择“文件中的音频”选项。

（2）打开“插入音频”对话框，在上方的下拉列表框中选择背景音乐的存放位置，在中间的列表框中选择背景音乐，单击插入(S)按钮。

（3）此时，系统将自动在幻灯片中插入一个声音图标，选择该声音图标，将激活音频工具，选择【播放】/【预览】组，单击“播放”按钮，将在 PowerPoint 中播放插入的音乐。

（4）选择【播放】/【音频选项】组可设置音频属性，如单击选中“放映时隐藏”复选框，单击选中“循环播放，直到停止”复选框，在“开始”下拉列表框中选择“跨幻灯片播放”选项。

# 项目九　设置并放映演示文稿

## 任务一　设置市场分析演示文稿

### （一）应用幻灯片主题

打开“市场分析.pptx”演示文稿，应用“气流”主题，设置效果为“主管人员”，颜色为“凤舞九天”。

（1）打开演示文稿，选择【设计】/【主题】组，在中间的列表框中选择主题选项，为演示文稿应用主题。

（2）选择【设计】/【主题】组，单击“效果”按钮，在打开的下拉列表中可设置主题效果。

（3）选择【设计】/【主题】组，单击“颜色”按钮，在打开的下拉列表中可设置主题颜色。

### （二）设置幻灯片背景

将“首页背景”图片设置成标题页幻灯片的背景。

（1）选择标题幻灯片，在幻灯片的空白处单击鼠标右键，在弹出的快捷菜单中选择“设置背景格式”命令。

（2）打开“设置背景格式”对话框，选择“填充”选项卡，单击选中“图片或纹理填充”按钮，在“插入自”栏中单击“文件(F)...”按钮。

（3）打开“插入图片”对话框，选择图片的保存位置，在中间插入“首页背景”选项，单击“插入(S)”按钮。

（4）返回“设置背景格式”对话框，单击选中“隐藏背景图片”复选框，单击“关闭”按钮。

### （三）制作并使用幻灯片母版

进入幻灯片母版视图，将正文占位符的“字号”设置为“26 号”，向下移动标题占位符，调整正文占位符的高度；插入标志图片和艺术字，并编辑标志图片，删除白色背景，设置艺术字的“字体”为“隶书”，“字号”为“28 号”；然后设置幻灯片的页眉页脚效果。最后退出幻灯片母版视图，查看应用母版后的效果，并调整幻灯片中各对象的位置，使其符合应用主题、幻灯片母版后的效果。

（1）选择【视图】/【母版视图】组，单击“幻灯片母版”按钮，进入幻灯片母版编辑状态。

（2）选择第 1 张幻灯片母版，表示在该幻灯片下的编辑将应用于整个演示文稿，选择【开始】/【字体】组，可设置文本字体和字号。

（3）选择【插入】/【图像】组，单击“图片”按钮，打开“插入图片”对话框，选择图片，单击“插入(S)”按钮，可插入图片。

（4）选择【格式】/【调整】组，单击“删除背景”按钮，可编辑图片背景。

（5）选择【插入】/【文本】组，单击“艺术字”按钮下的下拉按钮，可选择插入的艺术字样式。

（6）选择【插入】/【文本】组，单击“页眉和页脚”按钮，打开“页眉和页脚”对话框。选择“幻灯片”选项卡，单击选中“日期和时间”复选框，其中的单选项将自动激活，再单击选中“自动更新”单选项，即在每张幻灯片下方显示日期和时间，并且每次根据打开的日期不同而自动更新日期。单击选中“幻灯片编号”复选框，将根据演示文稿幻灯片的顺序显示编号。单击选中“页脚”复选框，下方的文本框将自动激活，在其中可设置页脚内容。

（7）单击选中“标题幻灯片中不显示”复选框，所有的设置都不在标题幻灯片中生效。

（8）选择【幻灯片母版】/【关闭】组，单击“退出幻灯片母版视图”按钮，退出模板视图。

## （四）设置幻灯片切换动画

为所有幻灯片设置“旋转”切换效果，然后设置其切换声音为“照相机”。

（1）在“幻灯片”浏览窗格中按【Ctrl+A】组合键，选择演示文稿中的所有幻灯片，选择【切换】/【切换到此张幻灯片】组，在中间的列表框中选择幻灯片切换的声音。

（2）选择【切换】/【计时】组，在声音:后的下拉列表框中设置切换动画的声音效果。

（3）选择【切换】/【计时】组，设置切换方式。这里在“换片方式”栏下单击选中“单击鼠标时”复选框，表示在放映幻灯片时，单击鼠标将进行切换操作。

## （五）设置幻灯片动画效果

为第 1 张幻灯片中的各对象设置动画，首先为标题设置“浮入”动画，为副标题设置“基本缩放”动画，并设置效果为“从屏幕底部缩小”，然后为副标题再次添加一个“对象颜色”强调动画，修改其效果选项为“红色”，接着修改新增加的动画的开始方式、持续时间和延迟时间，最后将标题动画的顺序调整到最后，并设置播放该动画时有“电压”声音。

（1）选择第 1 张幻灯片的标题，选择【动画】/【动画】组，在其中的列表框中选择“浮入”动画效果。

（2）选择副标题，选择【动画】/【高级动画】组，单击“添加动画”按钮，在打开的列表中选择“更多进入效果”选项。

（3）打开“添加进入效果”对话框，选择“温和型”栏中的“基本缩放”选项，单击确定按钮。

（4）选择【动画】/【动画】组，单击“效果选项”按钮，在打开的下拉列表中选择“从屏幕底部缩小”选项，修改动画效果。

（5）继续选择副标题，选择【动画】/【高级动画】组，单击“添加动画”按钮，在打开的列表中选择“强调”组中的“对象颜色”选项。

（6）选择【动画】/【动画】组，单击“效果选项”按钮，在打开的列表中选择“红色”选项。

（7）选择【动画】/【高级动画】组，单击动画窗格按钮，在工作界面右侧将增加一个窗格，其中显示当前幻灯片中所有对象已设置的动画。

（8）选择第 3 个选项，选择【动画】/【计时】组，在“开始”下拉列表框中选择“上一动画之后”选项，在“持续时间”数值框中输入“01:00”，在“延迟”数值框中输入“00:50”。

（9）选择动画窗格中的第 1 个选项，按住鼠标左键不放，将其拖动到最后，调整动画的播放顺序。

（10）在调整后的最后一个动画选项上单击鼠标右键，在弹出的快捷菜单中选择“效果选项”。

（11）打开“上浮”对话框，在“声音”下拉列表框中选择“电压”选项，单击其后的按钮，在弹出的列表中拖动滑块，调整音量大小，单击确定按钮。

## 任务二 放映并输出课件演示文稿

### （一）创建超链接与动作按钮

为第 4 张幻灯片的各项文本创建超链接，然后插入一个动作按钮，并链接到第 2 张幻灯片，最后在动作按钮下方插入艺术字“作者简介”。

（1）打开演示文稿，选择幻灯片，选择正文文本，选择【插入】/【链接】组，单击“超链接”按钮。

（2）打开“插入超链接”对话框，单击“链接到”列表框中的“本文档中的位置”按钮，在“请选择文档中的位置”列表框中选择要链接到的幻灯片，单击确定按钮。

（3）选择【插入】/【链接】组，单击“形状”按钮，在打开的下拉列表中选择“动画按钮”选项。

（4）此时鼠标指针变为+形状，在幻灯片右下角空白位置按住鼠标左键不放并拖动鼠标，绘制一个动作按钮。

（5）自动打开“动作设置”对话框，选中“超链接到”单选项，在下方的下拉列表框中选择所需选项，如选择“幻灯片”选项。

（6）打开“超链接到幻灯片”对话框，选择第 2 个选项，依次单击确定按钮，使超链接生效。

### （二）放映幻灯片

放映前面制作好的演示文稿，并使用超链接快速定位到“一剪梅”所在的幻灯片，然后返回上次查看的幻灯片，依次查看各幻灯片和对象，在最后一页标记重要内容，最后退出幻灯片放映视图。

（1）选择【幻灯片放映】/【开始放映幻灯片】组，单击“从头开始”按钮，进入幻灯片放映视图。

（2）将从演示文稿的第 1 张幻灯片开始放映，单击鼠标依次放映下一个动画或下一张幻灯片。

（3）将鼠标指针移动到超链接文本上，此时鼠标指针变为形状，单击鼠标，将其切换到超链接的目标幻灯片，此时可使用前面的方法单击鼠标进行幻灯片的放映。在幻灯片上单击鼠标右键，在弹出的快捷菜单中选择“上次查看过的”命令。

（4）在幻灯片上单击鼠标右键，在弹出的快捷菜单中选择【指针选项】/【墨迹颜色】/【红色】命令，设置标记颜色。再次单击鼠标右键，在弹出的快捷菜单中选择【指针选项】/【荧光笔】命令，选择标记笔样式。

（5）此时鼠标指针变为形状，拖动鼠标不放标记重要的内容。

（6）结束或退出放映时，将提示是否保留标记痕迹的对话框，单击放弃(D)按钮，将删除标注。

## （三）隐藏幻灯片

隐藏最后一张幻灯片，然后放映查看隐藏幻灯片后的效果。

（1）在“幻灯片”浏览窗格中选择幻灯片，选择【幻灯片放映】/【设置】组，单击“隐藏幻灯片”按钮，隐藏幻灯片。

（2）在“幻灯片”浏览窗格中，隐藏的幻灯片编号上将出现叉标志，选择【幻灯片放映】/【开始放映幻灯片】组，单击“从头开始”按钮，开始放映幻灯片。此时，隐藏的幻灯片将不会放映出来。

## （四）排练计时

在演示文稿中对各动画进行排练计时。

（1）选择【幻灯片放映】/【设置】组，单击“排练计时”按钮，进入放映排练状态，同时打开“录制”工具栏并自动为该幻灯片计时。

（2）通过单击鼠标或按【Enter】键控制幻灯片中下一个动画出现的时间，如果用户确认该幻灯片的播放时间，可直接在“录制”工具栏的时间框中输入时间值。

（3）一张幻灯片播放完成后，单击鼠标切换到下一张幻灯片，“录制”工具栏中的时间将从头开始为该张幻灯片的放映进行计时。

（4）放映结束后，打开提示对话框，提示排练计时时间，并询问是否保留幻灯片的排练时间，单击 是(Y) 按钮进行保存。

（5）打开“幻灯片浏览”视图，在每张幻灯片的左下角将显示幻灯片的播放时间。

## （五）打印演示文稿

将前面制作并设置好的课件打印出来，要求一页纸上显示两张幻灯片。

（1）选择【文件】/【打印】命令，在窗口右侧的“份数”数值框中输入打印份数。

（2）在“打印机”下拉列表框中选择与计算机相连的打印机。

（3）在幻灯片的布局下拉列表框中可根据需要选择打印方式“幻灯片加框”“根据纸张调整大小”等命令。

## （六）打包演示文稿

将前面设置好的课件打包到文件夹中，并命名为“课件”。

（1）选择【文件】/【保存并发送】命令，在工作界面右侧的“文件类型”栏中选择“将演示文稿打包成 CD”选项，然后单击“打包成 CD”按钮。

（2）打开“打包成 CD”对话框，单击 复制到文件夹(F)... 按钮，打开“复制到文件夹”对话框，在“文件夹名称”文本框中输入“课件”，在“位置”文本框中输入打包后的文件夹的保存位置，单击 确定 按钮。

（3）在打开的对话框中提示演示文稿中存在链接，是否保存链接文件，单击 是(Y) 按钮。稍作等待后即将演示文稿打包成文件夹。

# 项目十　认识并使用计算机网络

## （一）启动 IE 浏览器

单击桌面上的 Internet Explorer 快捷方式或选择【开始】/【Internet】命令，就可以打开 Internet Explorer 窗口。另外，在“计算机”窗口或 Windows 资源管理器窗口的地址栏中直接输入要浏览网页的地址，也可启动 IE 浏览器。

## （二）使用 IE 浏览器进行网上冲浪

### 1. 浏览网页

使用 IE 浏览器打开网易网页，然后进入“旅游”专题，查看其中感兴趣的网页内容。

（1）双击桌面上的 Internet Explorer 图标启动 IE 浏览器，在上方的地址栏中输入需打开网页网址的关键部分。例如输入“www.163.com”。然后按【Enter】键，IE 系统将自动补足剩余部分，并打开该网页。

（2）在网页中列出了很多信息的目录索引，将鼠标指针移动到某索引词上，鼠标指针变为形状，单击鼠标。打开索引相关网页，在其中滚动鼠标滚轮可实现网页的上下移动，在该网页中浏览到自己感兴趣的内容超链接后，再次单击鼠标，将在打开的网页中显示其具体内容。

### 2. 保存网页中的资料

保存打开网页中的文字信息和图片信息，最后保存整个网页内容。

（1）打开一个需要保存资料的网页，使用鼠标选择要保存的文字，在已选择的文字区域中单击鼠标右键，在弹出的快捷菜单中选择“复制”命令或按【Ctrl+C】组合键。

（2）启动记事本程序或 Word 软件，选择【编辑】/【粘贴】命令或按【Ctrl+V】组合键，将复制的文本粘贴到该软件中。

（3）选择【文件】/【保存】命令，在打开的对话框中进行设置后，将文档保存在计算机中。

（4）在需要保存的图片上单击鼠标右键，在弹出的快捷菜单中选择“图片另存为”命令，打开“保存图片”对话框。

（5）在“保存在”下拉列表框中选择图片保存的位置，在“文件名”文本框中输入要保存的图片文件名，单击保存(S)按钮，将图片保存在计算机中。

（6）在当前网页的工具栏中单击页面(P)按钮，在打开的下拉列表中选择“另存为”选项，打开“保存网页”对话框，选择保存网页的地址，设置名称，在“保存类型”下拉列表框中选择“网页，全部”选项，单击保存(S)按钮，系统将显示保存进度，保存完毕后即可在所保存的文件夹内找到该网页文件。

### 3. 使用历史记录

使用历史记录查看今天曾经使用过的一个网页。

（1）在收藏夹栏中单击收藏夹按钮，在网页左侧打开收藏夹，单击上方的“历史记录”选项卡。

（2）在下方以星期形式列出日期列表，单击“星期四”展开子列表，列出星期四查看的所有网页文件夹。

（3）单击一个网页文件夹，在下方显示出在该网站查看的所有网页列表，单击一个网页选项，即可在网页浏览窗口中显示该网页内容。

### 4. 使用收藏夹

将“京东”网页添加到收藏夹的“购物”文件夹中。

（1）在地址栏中输入“www.jd.com”，按【Enter】键打开该网页，单击收藏夹栏中的收藏夹按钮。

（2）在网页左侧打开收藏夹，单击上方的添加到收藏夹...按钮，打开“添加收藏”对话框，在“名称”文本框中输入网页名称，单击新建文件夹(E)按钮。

（3）打开“新建文件夹”对话框，在“文件夹名”文本框中输入文件名称，依次单击创建(A)按钮和添加(A)按钮，完成设置。

（4）再次打开收藏夹，即可发现新建的网页文件夹，单击该文件夹，下面将显示保存的网页图标，单击该图标即可将其打开。

## （三）使用搜索引擎

### 1. 只搜索标题含有关键词的信息

在百度搜索引擎中只搜索包含“计算机等级考试”的内容。

（1）在地址栏输入百度网页地址，按【Enter】键打开“百度”网站首页。

（2）在文本框中输入搜索的关键字“(计算机等级考试)”，单击百度一下按钮。

（3）在打开的网页中列出搜索结果，单击任意一个超链接即可在打开的网页中查看具体内容。

### 2. 避免同音字干扰搜索结果

在百度搜索引擎中搜索“赵丽英”的相关资料。

（1）打开“百度”网站首页，在文本框中输入搜索的关键字“赵丽英”，单击百度一下按钮，此时将出现同音字“赵丽颖”的相关信息。

（2）在搜索框中输入关键字为““赵丽英””，然后单击百度一下按钮，即可查找到关于赵丽英的相关信息。

### 3. 只搜索标题含有关键字的内容

在搜索框中输入关键字“intitle:人间四月天”，单击百度一下按钮，即可在列表窗口显示标题含有“人间四月天”的相关信息。

## （四）下载资源

下载“搜狗输入法”软件到本地计算机中。

（1）在 IE 浏览器的地址栏中输入百度网址，搜索“搜狗输入法下载”信息，然后单击 ZOL 软件下载超链接，在打开的页面中单击高速下载按钮。

（2）在浏览器的下方将打开提示框，在其中单击保存(S)按钮右侧的下拉按钮，在弹出的下拉列表中选择“另存为”选项。

（3）打开“另存为”对话框，设置文件的保存位置和文件名后，单击保存(S)按钮，开始下载软件。下载完成后，在保存位置可查看下载的资源。

### （五）使用流媒体

在爱奇艺网中欣赏一部动画片。

（1）在IE浏览器中打开爱奇艺网页，单击首页的“少儿”超链接，打开少儿频道。

（2）依次单击超链接，选择喜欢看的视频文件，视频文件将在网页中的窗口显示。

（3）在窗口右侧还可以选择需要播放的视频文件，在视频播放窗口下方拖动进度条或单击进度条的某一个时间点，可从该时间点开始播放视频文件。在进度条下方有一个时间表，表示当前视频的播放时长和总时长。

（4）单击▶按钮，可播放或暂停视频文件。

（5）单击右侧的“全屏”按钮，将以全屏播放视频文件。

### （六）远程登录桌面

设置当前计算机使其能够进行远程登录桌面的操作。

（1）在桌面上的“计算机”快捷图标上单击鼠标右键，在弹出的快捷菜单中选择“属性”命令，打开“系统”控制面板，在左侧单击“系统高级设置”超链接。

（2）打开“系统属性”对话框的“高级”选项卡，在“远程桌面”栏中单击选中“允许运行任意版本的远程桌面的计算机连接”单选项。

（3）在桌面右下角单击“网络”图标，在打开的面板上单击“打开网络和共享中心”超链接。

（4）在打开的窗口左侧单击“更改适配器设置”超链接，在打开窗口中的“本地连接”上单击鼠标右键，在弹出的快捷菜单中选择“属性”命令。

（5）打开“本地连接 属性”对话框，双击“Internet 协议版本 4”复选框，在打开的对话框中可查看当前计算机的IP地址。

（6）在另外一台计算机上选择【开始】/【所有程序】/【附件】/【远程桌面连接】命令，打开“远程桌面连接”对话框，在其中输入需要连接的IP地址。

（7）单击连接(N)按钮，稍等片刻后即可连接到远程计算机桌面，若连接的计算机设置了密码，输入密码即可。

### （七）使用流媒体

#### 1. 注册并填写简历

注册前程无忧的账号，然后创建一个简单的简历。

（1）在IE浏览器中打开前程无忧网站，在右侧单击注册按钮。

（2）在打开的页面中根据提示输入相关的注册信息，然后单击注册按钮。

（3）稍等片刻即可完成注册，并打开提示对话框提示创建简历，单击“马上创建简历”超链接，在打开的窗口中根据提示信息填写简历的基本信息部分。

（4）单击下一步按钮，在打开的窗口中根据提示填写工作经验信息.

（5）单击下一步按钮，在打开的窗口中根据提示填写求职意向信息，完成后单击创建完成按钮，完成简历的创建.

## 2. 投递简历

投递一份简历到喜欢的职位。

（1）打开前程无忧网站首页，在右侧单击 登录 按钮，输入登录信息，然后单击 登录 按钮登录网站，在网页中的“城市求职”栏中选择需要求职的城市，这里单击“成都”超链接。

（2）在打开的页面搜索文本框中输入“编辑”文本，单击 搜索 按钮。

（3）此时将根据搜索的内容进行显示，单击需要求职的超链接。

（4）在打开窗口左侧可浏览该职位的相关介绍，在右侧单击 申请职位 按钮。

（5）在打开的提示框中选择需要投递的简历，然后单击 立即申请 按钮申请职位。

（6）返回职位介绍窗口，此时“申请职位”按钮将变为“已申请”状态。

（7）在网页上方的用户名处单击，在弹出的下拉列表中选择“我的 51Job”选项，在打开的界面中可以查看职位的申请情况和反馈意见等。

# 项目十一 做好计算机维护与安全

## 任务一 磁盘与系统维护

### （一）硬盘分区与格式化

使用“计算机管理”窗口将E盘划分出一部分并新建一个H分区，然后对其进行格式化操作。

（1）在桌面的“计算机”图标上单击鼠标右键，在弹出的快捷菜单中选择“管理”命令，打开“计算机管理”窗口。

（2）展开左侧的“存储”目录，选择“磁盘管理”选项，打开磁盘列表窗口，在下面的图表中找到需要划分空间的磁盘。这里选择E盘。在E盘上单击鼠标右键，在弹出的快捷菜单中选择“压缩卷”命令。

（3）打开“压缩”对话框，在“输入压缩空间量”数值框中输入划分出的空间大小，单击压缩(S)按钮。

（4）返回“磁盘管理”设置窗口，此时将增加一个可用空间，在该空间上单击鼠标右键，在弹出的快捷菜单中选择“新建简单卷”命令，打开“新建简单卷向导”对话框，单击下一步(N) >按钮继续。

（5）打开“指定卷大小”对话框，默认新建分区的大小，单击下一步(N) >按钮，打开“分配驱动器号和路径”对话框，单击选中“分配以下驱动器号”单选项，在其后的下拉列表中选择新建分区的驱动器号，单击下一步(N) >按钮。

（6）打开“格式化分区”对话框，保持默认值即使用NTFS文件格式化，单击下一步(N) >按钮，打开“完成向导”对话框，单击完成按钮。

### （二）清理磁盘

清理计算机中的C盘。

（1）选择【开始】/【控制面板】命令，打开“控制面板”窗口，单击“性能信息和工具”超链接。

（2）在打开的窗口左侧单击“打开磁盘清理”超链接，打开“磁盘清理:驱动器选择”对话框，在中间的下拉列表中选择C盘，单击确定按钮。

（3）在打开的对话框中提示计算磁盘释放的空间大小，打开C盘对应的“磁盘清理”对话框，在“要删除的文件”列表框中选中需要删除文件前面对应的复选框，单击确定按钮。

（4）打开“磁盘清理”提示对话框，询问是否永久删除这些文件，单击删除文件按钮。

（5）系统执行命令，并且打开对话框提示文件的清理进度，完成后将自动关闭该对话框。

### （三）整理磁盘碎片

对F盘进行碎片整理。

（1）打开“计算机”窗口，在F盘上单击鼠标右键，在弹出的快捷菜单中选择“属性”命令。

（2）打开F盘对应的属性对话框，单击“工具”选项卡，单击[立即进行碎片整理(D)...]按钮。

（3）打开“磁盘碎片整理程序”对话框，在中间的列表框中选择F盘，单击[磁盘碎片整理(D)]按钮，系统将先对磁盘进行分析，然后再优化整理。

（4）整理完成后，在“磁盘碎片整理程序”对话框中单击[关闭(C)]按钮。

## （四）检查磁盘

对E盘进行磁盘检查。

（1）打开“计算机”窗口，在E盘上单击鼠标右键，在弹出的快捷菜单中选择“属性”命令。打开“本地磁盘（E:）属性”对话框，单击“工具”选项卡，单击“查错”栏中的[开始检查(C)...]按钮。

（2）打开“检查磁盘 本地磁盘（E:）”对话框，单击选中“自动修复文件系统错误”和“扫描并尝试恢复坏扇区”复选框，单击[开始(S)]按钮，程序开始自动检查磁盘逻辑错误。

（3）扫描结束后，系统将打开提示框提示扫描完毕，单击[关闭(C)]按钮完成磁盘的检查操作。

## （五）关闭无响应的程序

使用Windows任务管理器关闭无响应的程序。

（1）按【Ctrl+Shift+ESC】组合键，打开“Windows任务管理器”窗口。

（2）单击“应用程序”选项卡，选择应用程序列表中无响应的选项，单击[结束任务(E)]按钮结束程序。

## （六）设置虚拟内存

为C盘设置虚拟内存。

（1）在“计算机”图标上单击鼠标右键，在弹出的快捷菜单中选择“属性”命令，打开“系统”窗口，单击左侧导航窗格中的“高级系统设置”超链接。

（2）打开“系统属性”对话框中的“高级”选项卡，单击“性能”栏中的[设置(S)...]按钮。

（3）打开“性能选项”对话框，单击“高级”选项卡，单击“虚拟内存”栏中的[更改(C)...]按钮。

（4）打开“虚拟内存”对话框，撤销选中“自动管理所有驱动器的分页文件大小”复选框，在“每个驱动器的分页文件大小”栏中选择“C:”选项。单击选中“自定义大小”单选项，在“初始大小”文本栏中输入相应的数值，如“1000”，在“最大值”文本框中输入相应的数值，如“5000”，依次单击[设置(S)]按钮和[确定]按钮完成设置。

## （七）管理自启动程序

设置部分软件在开机时不自动启动。

（1）选择【开始】/【运行】命令，打开“运行”对话框，在“打开”文本框中输入“msconfig”，单击[确定]按钮或按【Enter】键。

（2）打开“系统配置”窗口，单击“启动”选项卡，在中间的列表框中取消选中不希望随计算机启动的程序前的复选框，单击[应用(A)]按钮和[确定]按钮。

（3）打开对话框提示需要重启计算机使设置生效，单击[重新启动(R)]按钮。

### （八）自动更新系统

使用 Windows 更新功能检查并安装更新。

（1）选择【开始】/【控制面板】命令，打开“所有控制面板项”窗口，单击“Windows Update”超链接，打开“Windows Update”窗口，单击左侧的“更改设置”超链接。

（2）打开“更改设置”窗口，在“重要更新”下拉列表框中选择“自动安装更新”选项，其他保持默认设置不变，单击 确定 按钮。

（3）返回“Windows 更新”窗口，并自动检查更新，检查更新完成后，将显示需要更新内容的数量，单击“34 个重要更新可用”超链接。

（4）打开“选择要安装的更新”窗口，在其列表框中显示了需要更新的内容，选中需要更新内容前面的复选框，单击 安装 按钮。

（5）系统开始下载更新并显示进度，下载更新文件后，系统开始自动安装更新。

（6）完成安装后，在“Windows 更新”窗口中单击 立即重新启动(R) 按钮，立刻重启计算机，重启完成后在“Windows 更新”窗口中将提示成功安装更新。

## 任务二 计算机病毒及其防治

### （一）启用 Windows 防火墙

启用 Windows 7 的防火墙。

（1）选择【开始】/【控制面板】命令，打开“所有控制面板项”窗口，单击“Windows 防火墙”超链接。打开“Windows 防火墙”窗口，单击左侧的“打开或关闭 Windows 防火墙”超链接。

（2）打开“自定义设置”窗口，在“专用网络设置”和“公用网络设置”栏中选中“启用 Windows 防火墙”单选项，单击 确定 按钮。

### （二）使用第三方软件保护系统

使用 360 杀毒软件快速扫描计算机中的文件，然后清理有威胁的文件；接着在 360 安全卫士软件中对计算机进行体检，修复后扫描计算机中是否存在木马病毒。

（1）安装 360 杀毒软件后，启动计算机的同时默认会自动启动该软件，其图标在状态栏右侧的通知栏中显示，单击状态栏中的“360 杀毒”图标。

（2）打开 360 杀毒工作界面，选择扫描方式。

（3）程序开始对指定位置的文件进行扫描，会将疑似病毒文件，或对系统有威胁的文件都扫描出来，并显示在打开的窗口中。

（4）扫描完成后，单击选中要清理的文件前的复选框，单击 立即处理 按钮，然后在打开的提示对话框中单击 确认 按钮确认清理文件。清理完成后，在打开的对话框中，将提示本次扫描和清理文件的结果，并提示需要重新启动计算机，单击 立即重启 按钮。

（5）单击状态栏中的“360 安全卫士”图标，启动 360 安全卫士并打开其工作界面，单击中间的 立即体检 按钮，软件将自动运行并扫描计算机中的各个位置。

（6）360 安全卫士将检测到的不安全选项列在窗口中显示，单击 一键修复 按钮，对其进行清理。

（7）返回 360 工作界面，单击左下角的“查杀修复”按钮，在打开的界面中单击“快速扫描”按钮，将开始扫描计算机中的文件，查看其中是否存在木马文件，如存在，则根据提示单击按钮进行清除。

# 第二部分

# 习 题 集

# 项目一　了解并使用计算机

## 一、单选题

1.（　）被誉为“现代电子计算机之父”。

A．查尔斯·巴贝　B．阿塔诺索夫　C．图灵　D．冯·诺依曼

2．世界上第一台电子数字计算机 ENIAC 诞生于（　）年。

A．1943　B．1946　C．1949　D．1950

3．第一台电子数字计算机的加法运算速度为每秒（　）。

A．500 000 次　B．50 000 次　C．5 000 次　D．500 次

4．一般将计算机的发展历程划分为 4 个时代的主要依据是计算机的（　）。

A．机器规模　B．设备功能　C．物理器件　D．整体性能

5．采用晶体管的计算机被称为（　）。

A．第一代计算机　B．第二代计算机

C．第三代计算机　D．第四代计算机

6．第三代计算机使用的元器件为（　）。

A．晶体管　B．电子管

C．中小规模集成电路　D．大规模和超大规模集成电路

7．世界上第一台电子数字计算机采用的主要逻辑部件是（　）。

A．电子管　B．晶体管　C．继电器　D．光电管

8．按计算机用途分类，可以将电子计算机分为（　）。

A．通用计算机和专用计算机

B．电子数字计算机和电子模拟计算机

C．巨型计算机、大中型计算机、小型计算机和微型计算机

D．科学与过程计算计算机、工业控制计算机和数据计算机

9．按计算机的性能、规模和处理能力，可以将计算机分为（　）。

A．通用计算机和专用计算机

B．巨型计算机、大型计算机、中型计算机、小型计算机和微型计算机

C．电子数字计算机和电子模拟计算机

D．科学与过程计算计算机、工业控制计算机和数据计算机

10．个人计算机属于（　）。

A．微型计算机　B．小型计算机

C．中型计算机　D．小巨型计算机

11.（　）的运算速度可达到每秒一太次以上，主要用于国家高科技领域与工程计算和尖端技术研究。

A．专用计算机　B．巨型计算机

C．微型计算机　D．小型计算机

12．计算机辅助制造的简称是（　）。

A．CAD　　B．CAM　　C．CAE　　D．CBE

13．我国自行生产的“天河二号”计算机属于（　）。

A．微机　　B．小型机　　C．大型机　　D．巨型机

14．在下面的选项中，（　）不属于按计算机的用途分类。

A．企业管理　　B．人工智能

C．计算机辅助　　D．多媒体技术

15．计算机中处理的数据在计算机内部是以（　）的形式存储和运算的。

A．位　　B．二进制　　C．字节　　D．兆

16．下列 4 个计算机存储容量的换算公式中，错误的是（　）。

A．1MB = 1 024KB　　B．1KB=1 024MB

C．1KB = 1 024B　　D．1GB=1 024MB

17．在计算机中，存储的最小单位是（　）。

A．位　　B．二进制　　C．字节　　D．KB

18．下列不能用来作为数据单位的是（　）。

A．bit　　B．Byte　　C．MIPS　　D．KB

19．计算机中字节的英文名字为（　）。

A．Bit　　B．Bity　　C．Bait　　D．Byte

20．计算机存储和处理数据的基本单位是（　）。

A．Bit　　B．Byte　　C．B　　D．KB

21．1 字节表示（　）位二进制数。

A．2　　B．4　　C．8　　D．18

22．计算机的字长通常不可能为（　）位。

A．8　　B．12　　C．64　　D．128

23．将二进制整数 111110 转换成十进制数是（　）。

A．62　　B．60　　C．58　　D．56

24．将十进制数 121 转换成二进制整数是（　）。

A．1111001　　B．1110010　　C．1001111　　D．1001110

25．下列各进制的整数中，值最大的一个是（　）。

A．十六进制数 34　　B．十进制数 55

C．八进制数 63　　D．二进制数 110010

26．用 8 位二进制数能表示的最大的无符号整数等于十进制整数（　）。

A．255　　B．256　　C．128　　D．127

27．八进制数 16 转换为二进制数是（　）。

A．111101　　B．111010　　C．001111　　D．001110

28．十六进制数 3D 转换为二进制数是（　）。

A．01110001　　B．00111101　　C．10001111　　D．00001110

29．八进制数 332 转换成十进制数是（　）。

A．154　　B．256　　C．218　　D．127

30．十六进制数 32 转换成十进制数是（　）。

A．25　　B．50　　C．61　　D．64

31．国际标准化组织指定为国际标准的是（　）。

A．EBCDIC 码　　B．ASCII 码　　C．国标码　　D．BCD 码

32．一个字符的标准 ASCII 码长是（　）。

A．7 bit　　B．8 bit　　C．16 bit　　D．6 bit

33．在下列字符中，其 ASCII 值最大的一个是（　）。

A．9　　B．Z　　C．D　　D．X

34．在标准 ASCII 表中，已知英文字母 D 的 ASCII 是 01000100，英文字母 C 的 ASCII 是（　）。

A．01000001　　B．01000010　　C．01000011　　D．01100011

35．下面不属于音频文件格式的是（　）。

A．WAV　　B．MP3　　C．RM　　D．SWF

36．下列叙述中错误的是（　）。

A．多媒体技术具有集成性和交互性

B．所有计算机的字长都是 8 位

C．通常计算机的存储容量越大，性能就越好

D．计算机中的数据都是以二进制来表示的

37．多媒体信息不包括（　）。

A．文字、图像　　B．动画、影像

C．打印机、光驱　　D．音频、视频

38．下列各项中，不属于多媒体硬件的是（　）。

A．扫描仪　　B．视频卡　　C．音频卡　　D．加密卡

39．下列选项中，不属于计算机多媒体的媒体类型的是（　）。

A．文本　　B．图像　　C．音频　　D．程序

40．计算机中运算器的主要功能是（　）。

A．控制计算机的运行　　B．算术运算和逻辑运算

C．分析指令并执行　　D．负责存取存储器中的数据

41．计算机的 CPU 每执行一个（　），表示完成一步基本运算或判断。

A．语句　　B．指令　　C．程序　　D．软件

42．磁盘驱动器属于计算机的（　）设备。

A．输入　　B．输出　　C．输入和输出　　D．存储器

43．计算机的主机由（　）组成。

A．计算机的主机箱　　B．运算器和输入/输出设备

C．运算器和控制器　　D．CPU 和内存储器

44．下面关于 ROM 的说法中，不正确的是（　）。

A．ROM 不是内存而是外存

B．ROM 中的内容在断电后不会消失

C．CPU 不能向 ROM 随机写入数据

D．ROM 是只读存储器的英文缩写

45．构成计算机物理实体的部件称为（　）。

A．计算机软件　B．计算机程序　C．计算机硬件　D．计算机系统

46．下列设备中属于输入设备的是（　）。

A．显示器　B．扫描仪　C．打印机　D．绘图机

47．计算机中对数据进行加工与处理的硬件为（　）。

A．控制器　B．显示器　C．运算器　D．存储器

48．微型计算机中，控制器的基本功能是（　）。

A．控制系统各部件正确地执行程序　B．传输各种控制信号

C．产生各种控制信息　D．存储各种控制信息

49．下列属于硬盘能够存储多少数据的一项重要指标的是（　）。

A．总容量　B．读/写速度　C．质量　D．体积

50．下列选项中，不属于计算机硬件系统的是（　）。

A．系统软件　B．硬盘　C．I/O 设备　D．中央处理器

51．微型计算机的（　）集成在微处理器芯片上。

A．CPU 和 RAM　B．控制器和 RAM

C．控制器和运算器　D．运算器和 RAM

52．下列不属于计算机的外部存储器的是（　）。

A．软盘　B．硬盘　C．内存条　D．光盘

53．USB 是一种（　）。

A．中央处理器　B．不间断电源

C．通用串行总线接口　D．储存器

54．CPU 能直接访问的存储器是（　）。

A．硬盘　B．U 盘　C．光盘　D．ROM

55．ROM 中的信息是（　）。

A．由程序临时存入的　B．在安装系统时写入的

C．由用户随时写入的　D．由生产厂家预先写入的

56．微机的主机指的是（　）。

A．CPU、内存和硬盘等　B．CPU 和内存储器等

C．CPU、内存、主板和硬盘等　D．CPU、内存、硬盘、显示器和键盘等

57．英文缩写 ROM 的中文译名是（　）。

A．U 盘　B．只读存储器

C．随机存取存储器　D．高速缓冲存储器

58．内存一般采用半导体存储单元，包括随机存储器（RAM）、（　）和高速缓存（Cache）。

A．可读存储器（ROM）　B．只读存储器（ROM）

C．只读存储器（POM）　D．可读存储器（POM）

59．微型计算机硬件系统中最核心的部件是（　）。

A．主板　B．I/O 设备　C．内存储器　D．CPU

60．计算机的硬件主要包括中央处理器（CPU）、存储器、输出设备和（　）。

A．输入设备　B．鼠标　C．显示器　D．键盘

61．计算机系统是指（　）。

A．硬件系统和软件系统　B．运控器、存储器、外部设备

C．主机、显示器、键盘、鼠标　　D．主机和外部设备

62．计算机中的存储器包括（　）和外存储器。

A．光盘　　B．硬盘　　C．内存储器　　D. 半导体存储单元

63．计算机软件总体分为系统软件和（　）。

A．非系统软件　　B．重要软件　　C．应用软件　　D．工具软件

64．在计算机系统中，（　）是指运行的程序、数据及相应的文档的集合。

A．主机　　B．系统软件　　C．软件系统　　D．应用软件

65．Office 2010 属于（　）。

A．系统软件　　B．应用软件　　C．辅助设计软件　　D．商业管理软件

66．在 Windows 中，连续两次快速按下鼠标左键的操作是（　）。

A．单击　　B．双击　　C．拖曳　　D．启动

67．计算机键盘上的【Shift】键称为（　）。

A．控制键　　B．上档键　　C．退格键　　D．换行键

68．计算机键盘上的【Esc】键的功能一般是（　）。

A．确认　　B．取消　　C．控制　　D．删除

69．键盘上的（　）键是控制键盘输入大小写切换的。

A.【Shift】　　B.【Ctrl】　　C.【NumLock】　　D.【CapsLock】

70．下列（　）键用于删除光标后面的字符。

A.【Delete】　　B.【→】　　C.【Insert】　　D.【BackSpace】

71．下列（　）键用于删除光标前面的字符。

A.【Delete】　　B.【→】　　C.【Insert】　　D.【BackSpace】

72．通常情况下，单击鼠标的（　）将会打开一个快捷菜单。

A．左键　　B．右键

C．中键　　D．左、右键同时按下

73．双击鼠标左键会（　）。

A．选中对象　　B．取消选中　　C．执行程序　　D．弹出快捷菜单

74．拖动时应按下鼠标的（　）。

A．左键　　B．右键

C．中键　　D．左、右键同时按下

## 二、多选题

1．下列属于多媒体技术的主要特点的是（　）。

A．实时性　　B．集成性　　C．分布性　　D．交互性

2. 计算机在现代教育中的主要应用有计算机辅助教学、计算机模拟、多媒体教室和（　）。

A．网上教学　　B．家庭娱乐　　C．电子试卷　　D．电子大学

3．下列属于未来计算机的发展趋势的是（　）。

A．巨型化　　B．微型化　　C．网络化　　D．智能化

4．微型计算机中，运算器的主要功能是进行（　）。

A．逻辑运算　　B．算术运算　　C．代数运算　　D．函数运算

5．以下属于第四代计算机的主要特点的是（　）。

A．计算机走向微型化，性能大幅度提高

B．主要用于军事和国防领域
C．软件越来越丰富，为网络化创造了条件
D．计算机逐渐走向人工智能化，并采用了多媒体技术

6．下列属于汉字的编码方式的是（ ）。
A．输入码 B．识别码 C．国标码 D．机内码

7．多媒体计算机的软件种类较多，根据功能可以分为（ ）。
A．多媒体操作系统 B．媒体处理系统工具
C．图像处理工具 D．用户应用软件

8．下列属于图像文件格式的是（ ）。
A．BMP B．GIF C．PNG D．AVI

9．下列 4 种文件格式中，属于音频文件格式的是（ ）。
A．WAV B．JPG C．DAT D．MIDI

10．以下文件格式中，不属于视频文件的是（ ）。
A．AVI B．MPEG C．RM D．WMF

11．可以作为计算机数据单位的是（ ）。
A．字母 B．字节 C．位 D．兆

12．微型计算机中的总线通常包括（ ）。
A．数据总线 B．信息总线 C．地址总线 D．控制线

13．下列属于计算机的组成部分的有（ ）。
A．运算器 B．控制器
C．总线 D．输入设备和输出设备

14．常用的输出设备有（ ）。
A．显示器 B．扫描仪 C．打印机 D．键盘和鼠标

15．输入设备是微型计算机中必不可少的组成部分，下列属于常见的输入设备有（ ）。
A．鼠标 B．扫描仪 C．打印机 D．键盘

16．个人计算机（PC）必备的外部设备有（ ）。
A．储存器 B．鼠标 C．键盘 D．显示器

17．计算机中，运算器可以完成（ ）。
A．算术运算 B．代数运算 C．逻辑运算 D．四则运算

18．计算机内存由（ ）构成。
A．随机存储器 B．主存储器 C．附加存储器 D．只读存储器

19．以下选项中，属于计算机外部设备的有（ ）。
A．输入设备 B．输出设备
C．中央处理器和主存储器 D．外存储器

20．计算机的软件系统可分为（ ）。
A．程序和数据 B．应用软件 C．操作系统 D．系统软件

21．目前广泛使用的操作系统种类很多，主要包括（ ）。
A．DOS B．UNIX C．Windows D．Basic

22．下列属于应用软件的有（ ）。
A．办公软件类软件 B．图形处理与设计软件

C．多媒体播放与处理软件　　D．网页开发软件

23．计算机的运行速度受（　）影响。

A．CPU　　B．显示器　　C．键盘　　D．内存

24．键盘上划分的区域有（　）。

A．字母键区　　B．数字键区　　C．方向键区　　D．功能键区

25．系统软件可分为（　）。

A．操作系统　　B．设备驱动程序　　C．实用程序　　D．编程语言

26．鼠标的基本操作方法包括（　）。

A．单击　　B．双击　　C．右击　　D．拖动

三、判断题

1．人们常说的计算机一般是指通用计算机。（　）

2．微型计算机最早出现在第三代计算机中。（　）

3．冯·诺依曼原理是计算机的唯一工作原理。（　）

4．第四代电子计算机主要采用中、小规模集成电路的元器件。（　）

5．冯·诺依曼提出的计算机体系结构的设计理论是采用二进制和存储程序方式。（　）

6．第三代计算机的逻辑部件采用的是小规模集成电路。（　）

7．计算机应用包括科学计算、信息处理和自动控制等。（　）

8．在计算机内部，一切信息的存储、处理与传送都采用二进制来表示。（　）

9．一个字符的标准 ASCII 占一个字节的存储量，其最高位二进制总为 0。（　）

10．大写英文字母的 ASCII 值大于小写英文字母的 ASCII 值。（　）

11．同一个英文字母的 ASCII 和它在汉字系统下的全角内码是相同的。（　）

12．一个字符的 ASCII 与它的内码是不同的。（　）

13．标准 ASCII 表的每一个 ASCII 都能在屏幕上显示成一个相应的字符。（　）

14．国际通用的 ASCII 由大写字母、小写字母和数字组成。（　）

15．国际通用的 ASCII 是 7 位码。（　）

16．多媒体技术的主要特点是数字化和集成性。（　）

17．通常计算机的存储容量越大，性能就越好。（　）

18．传输媒体主要包括键盘、显示器、鼠标、声卡及视频卡等。（　）

19．多媒体文件包括音频文件、视频文件和图像文件。（　）

20．余 3 码是一种根据位权规则编制的代码。（　）

21．多媒体计算机包括多媒体硬件和多媒体软件系统。（　）

22．多媒体不仅是指文本、声音、图形、图像、视频、音频和动画这些媒体信息本身，还包含处理和应用这些媒体元素的一整套技术。（　）

23．传输媒体主要包括键盘、显示器、鼠标、声卡和视频卡等。（　）

24．多媒体技术可以处理文字、图像和声音，但不能处理动画和影像。（　）

25．1GB 等于 1 000MB，又等于 1 000 000KB。（　）

26．计算机软件按其用途和实现的功能可分为系统软件和应用软件两大类。（　）

27．计算机系统包括硬件系统和软件系统。（　）

28．主机包括 CPU 和显示器。（　）

29．CPU 的主频越高，则它的运算速度越慢。（　）

30．CPU 由控制器和运算器组成。（ ）
31．CPU 的主要任务是取出指令、解释指令和执行指令。（ ）
32．CPU 主要由控制器、运算器和存储器组成。（ ）
33．中央处理器和主存储器构成计算机的主体，称为主机。（ ）
34．主机以外的大部分硬件设备称为外围设备或外部设备，简称外设。（ ）
35．运算器是进行算术和逻辑运算的部件，通常称它为 CPU。（ ）
36．输入和输出设备是用来存储程序及数据的装置。（ ）
37．键盘和显示器都是计算机的 I/O 设备，键盘是输入设备，显示器是输出设备。（ ）
38．通常说的内存是指 RAM。（ ）
39．显示器属于输入设备。（ ）
40．光盘属于外存储设备。（ ）
41．扫描仪属于输出设备。（ ）
42．数码相机属于输出设备。（ ）
43．可以在电脑工作的情况下插上或拔掉电路设备。（ ）
44．内部存储器也叫主存储器，简称内存。（ ）

# 项目二　学习计算机新技术

## 一、单选题

1．下列不属于云计算特点的是（　　）。

A．高可扩展性　　B．按需服务

C．高可靠性　　D．非网络化

2．下列不属于典型大数据常用单位的是（　　）。

A．MB　　B．ZB

C．PB　　D．EB

3．AR 技术是指（　　）。

A．虚拟现实技术　　B．增强现实技术

C．混合现实技术　　D．影像现实技术

4．区块链的主要特征有（　　）。

A．中心化　　B．匿名性

C．不自治性　　D．信息可篡改

## 二、多选题

1．人工智能不涉及以下哪些学科知识？（　　）

A．计算机科学　　B．心理学

C．哲学　　D．语言学

2．区块链是（　　）计算机技术的新型应用模式。

A．分布式数据存储　　B．点对点传输

C．共识机制　　D．加密算法

# 项目三　学习操作系统知识

一、单选题

1．Windows 是一种（　）。

A．操作系统　　B．文字处理系统

C．电子应用系统　　D．应用软件

2．Windows 7 桌面上，任务栏中最左侧的第一个按钮是（　）。

A．“打开”按钮　　B．“程序”按钮

C．“开始”按钮　　D．“时间”按钮

3．在 Windows 7 桌面上，任务栏（　）。

A．只能在屏幕的底部　　B．可以在屏幕的右边

C．可以在屏幕的左边　　D．可以在屏幕的四周

4．在 Windows 7 中，有关“还原”按钮的说法正确的是（　）。

A．单击“还原”按钮可以将最大化后的窗口还原

B．单击“还原”按钮可以将最小化后的窗口还原

C．双击“还原”按钮可以将最大化后的窗口还原

D．双击“还原”按钮可以将最小化后的窗口还原

5．单击“开始”按钮后，将打开“开始”菜单，其中的“所有程序”用于（　）。

A．显示计算机可运行的程序

B．表示要开始编写的程序

C．表示开始执行的程序

D．表示打开的所有程序

6．在 Windows 7 中，活动窗口和非活动窗口是根据（　）的颜色变化来区分的。

A．标题栏　　B．信息栏　　C．菜单栏　　D．工具栏

7．在 Windows 7 中，改变窗口的排列方式应执行的操作是（　）。

A．在任务栏空白处单击鼠标右键，在弹出的快捷菜单中选择要排列的方式

B．在桌面空白处单击鼠标右键，在弹出的快捷菜单中选择要排列的方式

C．在“计算机”窗口的空白处单击鼠标右键，在弹出的快捷菜单中选择【查看】/【排列方式】菜单命令中的子命令

D．打开“计算机”窗口，选择【查看】/【排列方式】命令中的子命令

8．在打开的窗口之间进行切换的组合键为（　）。

A．【Ctrl+Tab】　　B．【Alt+Tab】　　C．【Alt+Esc】　　D．【Ctrl+Esc】

9．在 Windows 7 操作系统中，可以按（　）打开“开始”菜单。

A．【Ctrl+Tab】组合键　　B．【Alt+Tab】组合键

C．【Alt+Esc】组合键　　D．【Ctrl+Esc】组合键

10．当前窗口处于最大化状态，双击该窗口标题栏，则相当于单击（　）。

A．最小化按钮　B．关闭按钮　C．还原按钮　D．系统控制按钮

11．在 Windows 7 中，当一个应用程序窗口被最小化后，该应用程序（　）。

A．被转入后台执行　B．被暂停执行
C．被终止执行　D．继续在前台执行

12．在 Windows 7 中，关于移动窗口位置的方法正确的是（　）。

A．用鼠标拖动窗口的菜单栏　B．用鼠标拖动窗口的标题栏
C．用鼠标拖动窗口的边框　D．用鼠标拖动窗口的空白处

13．在 Windows 7 的窗口中，单击“最小化”按钮后（　）。

A．当前窗口将被关闭　B．当前窗口将缩小显示
C．当前窗口缩小为任务栏的图标　D．当前窗口一直在桌面底层

14．在 Windows 7 中，任务栏的作用是（　）。

A．显示系统的所有功能　B．只显示当前活动窗口名
C．只显示正在后台工作的窗口名　D．实现窗口之间的切换

15．正确关闭 Windows 7 操作系统的方法是（　）。

A．单击“开始”按钮后再操作　B．关闭电源
C．单击“Reset”按钮　D．按【Ctrl+Alt+Del】组合键

16．在 Windows 7 中，打开一个窗口后，通常在其顶部是一个（　）。

A．标题栏　B．任务栏　C．状态栏　D．工具栏

17．中文 Windows 7 的“桌面”指的是（　）。

A．计算机屏幕　B．当前窗口　C．全部窗口　D．活动窗口

18．下列不能关闭应用程序的方法是（　）。

A．单击“任务栏”上的“关闭窗口”按钮
B．按【Alt+F4】组合键
C．双击窗口左上角的控制图标
D．选择【文件】/【退出】菜单命令

19. 在 Windows 7 窗口标题栏右侧的“最大化”“最小化”“还原”和“关闭”按钮中，不可能同时出现的两个按钮分别是（　）。

A．“最大化”和“最小化”　B．“最小化”和“还原”
C．“最大化”和“还原”　D．“最小化”和“关闭”

20．在 Windows 7 中，按住鼠标左键拖曳（　），可缩放窗口大小。

A．标题栏　B．对话框　C．滚动框　D．边框

21．应用程序窗口被最小化后，要重新运行该应用程序可以（　）。

A．单击应用程序图标　B．双击应用程序图标
C．拖动应用程序图标　D．指向应用程序图标

22．在对话框中，复选框是指在所列的选项中（　）。

A．只能选一项　B．可以选多项
C．必须选多项　D．必须选全部项

23．在 Windows 7 中，改变“任务栏”位置的方法是（　）。

A．在“任务栏和「开始」菜单属性”对话框中进行设置
B．在“任务栏”空白处按住鼠标左键不放并拖动

C．在“任务栏”空白处按住鼠标右键不放并拖动
D．在“任务栏”的任一个图标上按住鼠标左键并拖动

24．在 Windows 7 中，排列桌面图标的首步操作为（ ）。
A．用鼠标右键单击任务栏空白区
B．用鼠标右键单击桌面空白区
C．用鼠标左键单击桌面空白区
D．用鼠标左键单击任务栏空白区

25．在 Windows 7 中，当任务栏在桌面屏幕的底部时，其右端的按钮用于显示（ ）。
A．桌面　　B．输入法
C．快速启动工具栏　　D．时间日期

26．在 Windows 7 中，对桌面背景的设置可以通过（ ）来实现。
A．右键单击“计算机”图标，在弹出的快捷菜单中选择“属性”命令
B．右键单击“开始”菜单
C．右键单击桌面空白区，在弹出的快捷菜单中选择“个性化”命令
D．右键单击任务栏空白区，在弹出的快捷菜单中选择“属性”命令

27．Windows 7 中，“显示桌面”按钮位于桌面的（ ）。
A．左下方　　B．右下方　　C．左上方　　D．右上方

28．下列操作中，不能将常用程序锁定到任务栏的是（ ）。
A．在“开始”菜单中选择常用程序，拖动到任务栏
B．在“开始”菜单的常用程序上单击鼠标右键，在弹出的快捷菜单中选择“锁定到任务栏”命令
C．在桌面的常用程序快捷方式上单击鼠标右键，在弹出的快捷菜单中将其发送至任务栏
D．用鼠标右键单击任务栏中的程序图标，在弹出的快捷菜单中选择“将此程序锁定到任务栏”命令

29．在 Windows 7 操作系统中，将打开的窗口拖动到屏幕顶端，窗口会（ ）。
A．关闭　　B．消失　　C．最大化　　D．最小化

30．在 Windows 7 中，当任务栏显示在桌面的底部时，其右端的“通知区域”显示的是（ ）。
A．快速启动工具栏
B．用于多个应用程序之间切换的图标
C．“开始”按钮
D．输入法和时钟等

31．利用窗口左上角的控制菜单图标不能实现的窗口操作是（ ）。
A．最大化窗口　　B．打开窗口
C．最小化窗口　　D．移动窗口

32．如果删除了桌面上的一个快捷方式图标，则其对应的应用程序将（ ）。
A．一起被删除　　B．只能打开不能编辑
C．不能打开　　D．无任何变化

33．关于 Windows 7 操作系统窗口，下列描述正确的是（ ）。

A．都有水平滚动条　　B．都有垂直滚动条

C．可能出现水平或垂直滚动条　　D．都有水平和垂直滚动条

34．下面关于任务栏的说法，正确的是（　）。

A．任务栏的位置大小均可以改变　　B．任务栏可以根据需要进行隐藏

C．任务栏显示了所有打开窗口的图标　　D．任务栏的尾端不能添加图标

35．当鼠标位于窗口的左右边界，鼠标指针变为形状时，拖动鼠标可以（　）。

A．改变窗口的高度　　B．改变窗口的宽度

C．改变窗口的大小　　D．改变窗口的位置

36．当运行多个应用程序时，默认情况下屏幕上显示的是（　）。

A．第一个程序窗口　　B．系统的当前窗口

C．最后一个程序窗口　　D．多个窗口的叠加

37．在 Windows 7 中，下列说法正确的有（　）。

A．利用鼠标拖动对话框的边框可以改变对话框的大小

B．利用鼠标拖动窗口边框可以移动窗口

C．一个窗口最小化之后不能还原

D．一个窗口最大化之后不能再移动

38．下列操作可以恢复最小化窗口的是（　）。

A．单击最小化窗口图标　　B．双击最小化窗口图标

C．使用“还原”命令　　D．使用“放大”命令

39．下列有关快捷方式的叙述，错误的是（　）。

A．快捷方式不会改变程序或文档在磁盘上的存放位置

B．快捷方式提供了对常用程序或文档的访问捷径

C．快捷方式图标的左下角有一个小箭头

D．删除快捷方式会影响源程序或文档的完整性

40．当窗口不能将所有的信息行显示在当前工作区内时，窗口中一定会出现（　）。

A．滚动条　　B．状态栏　　C．提示窗口　　D．信息窗口

41．打开快捷菜单的操作为（　）。

A．单击　　B．右击　　C．双击　　D．三击

42．在 Windows 7 操作系统中，正确关闭计算机的操作是（　）。

A．在文件未保存的情况下，单击“开始”按钮，在打开的“开始”菜单中单击“关机”按钮

B．在保存文件并关闭所有运行的程序后，单击“开始”按钮，在打开的“开始”菜单中单击“关机”按钮

C．直接按主机面板上的电源按钮

D．直接拔掉电源关闭计算机

43．不可能显示在任务栏上的内容为（　）。

A．对话框窗口的图标　　B．正在执行的应用程序窗口图标

C．已打开文档窗口的图标　　D．语言栏对应图标

44．多用户使用一台计算机的情况经常出现，这时可设置（　）。

A．共享用户　　B．多个用户账户

C．局域网　　　　　　　　　　　　D．使用时段

45．在“小工具库”对话框中添加桌面小工具的方法是（ ）。

A．双击　　B．单击　　C．右击　　D．三击

46．在 Windows 7 操作系统中，显示桌面的组合键为（ ）。

A．【Win+D】　　B．【Win+P】　　C．【Win+Tab】　　D．【Alt+Tab】

47．在 Windows 7 默认环境中，用于中英文输入方式切换的组合键是（ ）。

A．【Alt+Tab】　　B．【Shift+空格】　　C．【Shift+Enter】　　D．【Ctrl+空格】

48．在中文 Windows 中，使用软键盘输入特殊符号，（ ）可撤销弹出的软键盘。

A．左键单击软键盘上的【Esc】键

B．右键单击软键盘上的【Esc】键

C．右键单击中文输入法状态窗口中的“开启/关闭软键盘”按钮

D．左键单击中文输入法状态窗口中的“开启/关闭软键盘”按钮

49．在 Windows 7 中，切换中文输入方式到英文方式，应按（ ）。

A．【Alt+Tab】组合键　　　　B．【Shift+ Ctrl】组合键

C．【Shift】键　　　　D．【Ctrl+空格】组合键

50．在 Windows 7 中，切换不同的汉字输入法，应按（ ）。

A．【Ctrl+Shift】组合键　　　　B．【Ctrl+Alt】组合键

C．【Ctrl+空格】组合键　　　　D．【Ctrl+Tab】组合键

## 二、多选题

1．在 Windows 7 中，退出“写字板”的操作是（ ）。

A．单击“写字板”窗口右上角的“最小化”按钮

B．单击“写字板”窗口右上角的“关闭”按钮

C．单击“写字板”窗口右上角的“最大化”按钮

D．按【Alt+F4】组合键

2．窗口的组成元素包括（ ）等。

A．标题栏　　B．滚动条　　C．菜单栏　　D．窗口工作区

3．在 Windows 7 中，对话框中不包含的元素有（ ）。

A．菜单栏　　B．复选框　　C．选项卡　　D．工具栏

4．在 Windows 7 中，可进行的个性化设置包括（ ）。

A．主题　　B．桌面背景　　C．窗口颜色　　D．声音

5．桌面上的快捷方式图标可以代表（ ）。

A．应用程序　　B．文件夹　　C．用户文档　　D．打印机

6．在 Windows 7 中，完成窗口切换的方法有（ ）。

A．【Alt+Tab】组合键

B．【Win+Tab】组合键

C．单击要切换窗口的任何可见部位

D．单击任务栏上要切换的应用程序按钮

7．以下能进行输入法选择的是（ ）。

A．先单击语言栏上表示语言的按钮，然后选择

B．先单击语言栏上表示键盘的按钮，然后选择

C．在“任务栏”属性对话框中设置

D．按【Ctrl+Shift】组合键

8．在 Windows 7 操作系统中，关于对话框的描述正确的是（　）。

A．对话框是一种特殊的窗口

B．对话框中一般有选项卡

C．按【Alt＋F4】组合键可以关闭对话框

D．对话框的大小不可以改变

9．在 Windows 7 中，屏幕上可以同时打开多个窗口，它们的排列方式是（　）。

A．堆叠　　B．层叠　　C．平铺　　D．以上选项皆可

10．在 Windows 7 中，用滚动条来实现快速滚动是通过（　）实现的。

A．单击滚动条上的滚动箭头

B．单击滚动条下的滚动箭头

C．拖动滚动条上的滚动块

D．单击滚动条上的滚动块

11．在 Window 7 中，运行一个程序可以（　）。

A．选择【开始】/【所有程序】/【附件】/【运行】命令

B．使用资源管理器

C．使用桌面上已建立的快捷方式图标

D．双击程序图标

12．下面对任务栏的描述，正确的有（　）。

A．任务栏可以出现在屏幕的四周

B．利用任务栏可以切换窗口

C．任务栏可以隐藏图标

D．任务栏中的时钟不能删除

## 三、判断题

1．Windows 7 操作系统允许同时运行多个应用程序。（　）

2．关闭 Windows 7 相当于关闭计算机。（　）

3．启动 Windows 7 后，首先显示桌面。（　）

4．显示于 Windows 7 桌面上的图标统称为系统图标。（　）

5．在 Windows 7 中，屏幕上显示的所有窗口中，只有一个窗口是活动窗口。（　）

6．在 Windows 7 中，单击非活动窗口的任意部分都可切换该窗口为活动窗口。（　）

7．最大化后的窗口不能进行窗口的位置移动和大小的调整操作。（　）

8．默认情况下，Windows 7 桌面由桌面图标、鼠标指针、任务栏和语言栏 4 部分组成。（　）

9．在 Windows 7 中，对话框的大小不可改变。（　）

10．删除应用程序快捷图标时，会连同其所对应的程序文件一同删除。（　）

11．快捷方式的图标可以更改。（　）

12．无法给文件夹创建快捷方式。（　）

13．无法在桌面上创建打印机的快捷方式。（　）

14．“写字板”是文字处理软件，不能进行图文处理 。（　）

15．Windows 7 的任务栏可用于切换当前应用程序。（　）

16．桌面上的图标可以用拖动鼠标及打开一个快捷菜单的方式对它们的位置加以调整。（　）

17．只需用鼠标在桌面上从屏幕左上角向右下角拖动一次，桌面上的图标就会重新排列。（　）

18．关闭应用程序窗口意味着终止该应用程序的运行。（　）

19．Windows 7 的窗口和对话框比较而言，窗口可以移动和改变大小，而对话框仅可以改变大小，不能移动。（　）

20．“回收站”图标可以从桌面上删除。（　）

21．在不同状态下，鼠标指针的表现形式并没有区别。（　）

22．悬浮于桌面上的“语言栏”面板只能用于选择语言的输入。（　）

23．睡眠状态是一种省电状态。（　）

24．Windows 7 属于多用户的桌面操作系统。（　）

25．安装了操作系统后才能安装和使用各种应用程序。（　）

26．若要单击选中或撤销选中某个复选框，只需单击该复选框前的方框即可。（　）

27．删除快捷方式后它所指向的应用程序也会被删除。（　）

28．通知区域除了显示系统日期、音量、网络状态等信息外，还可以显示其他程序图标。（　）

29．Windows 7 的桌面外观可以根据爱好进行更改。（　）

30．不支持即插即用的硬件设备不能在 Windows 7 环境下使用。（　）

## 四、操作题

1．将桌面图标分别按“名称”“大小”“类型”和“修改时间”进行排列，查看这几种排列方式表现的不同效果。

2．通过“开始”菜单启动计算机中安装的 Word 2010 程序，然后将打开的 Word 程序窗口进行最大化和最小化操作，最后还原窗口后关闭窗口。

3．在“性能选项”对话框的“视觉效果”选项卡中对 Windows 7 的外观和性能进行调整。

4．设置自己的桌面背景，以拉伸方式显示于桌面。

5．自定义桌面图标，将“控制面板”显示在桌面上。

6．设置屏幕保护程序和 Windows 主题。其中，屏幕保护程序为“变幻线”，等待时间是 15 分钟；主题是“中国”。

7．设置任务栏的显示风格，要求将任务栏保持在其他窗口的前端，显示快速启动，隐藏不活动的图标。

8．在任务栏上定制自己的工具栏，将地址工具栏和我的文档加入任务栏中。

9．设置窗口外观显示。其中，窗口和按钮采用 Windows 7 样式，活动窗口标题栏大小为 18，标题栏中的字体为华文楷体、大小为 10。

10．将显示器的分辨率调整为 1024×768，并在桌面的右上方显示“日历”小工具。

# 项目四 管理计算机中的资源

一、单选题

1. 在 Windows 7 中，要改变文件或文件夹的显示方式，应使用（ ）。

A．“文件”菜单　　B．“编辑”菜单

C．“查看”菜单　　D．“帮助”菜单

2. 在 Windows 7 的“回收站”中存放的是（ ）。

A．硬盘上被删除的文件或文件夹

B．移动硬盘上被删除的文件或文件夹

C．硬盘或移动硬盘上被删除的文件或文件夹

D．所有外存储器中被删除的文件或文件夹

3. 在 Windows 7“开始”菜单下的“文档”选项中存放的是（ ）。

A．最近建立的文档　　B．最近打开过的文档

C．最近打开过的文件夹　　D．最近运行过的程序

4. 在 Windows 7 中，选择多个连续的文件或文件夹，应首先选择第一个文件或文件夹，然后按住（ ）键，单击最后一个文件或文件夹。

A.【Tab】　B.【Alt】　C.【Shift】　D.【Ctrl】

5. 在 Windows 7 中，选择多个不连续的文件或文件夹，应首先选择一个文件或文件夹，然后按住（ ）键依次单击需要选择的文件或文件夹。

A.【Tab】　B.【Esc】　C.【Shift】　D.【Ctrl】

6. 在 Windows 7 中已经选择了若干文件和文件夹，若需取消选择某个文件或文件夹，应按住（ ）键，然后单击该文件或文件夹。

A.【Esc】　B.【Alt】　C.【Shift】　D.【Ctrl】

7. 选择文件或文件夹后，按【Shift+Delete】组合键可（ ）。

A．删除选择的对象并将其放入回收站

B．不会删除选择的对象

C．选择的对象不被放入回收站而直接被删除

D．为选择的对象创建副本

8. 在 Windows 7 中，获得联机帮助的热键是（ ）。

A.【F1】键　B.【F2】键　C.【F3】键　D.【F4】键

9. 利用 Windows 7 的“搜索”功能查找文件时，说法正确的是（ ）。

A．要求被查找的文件必须是文本文件

B．根据日期查找时，必须输入文件的最后修改日期

C．根据文件名查找时，至少需要输入文件名的一部分或通配符

D．被用户设置为隐藏的文件，只要符合查找条件，在任何情况下都将被找出来

10. 利用“控制面板”的“程序和功能”，（ ）。

A．可以删除 Windows 组件
B．可以删除 Windows 硬件驱动程序
C．可以删除 Word 文档模板
D．可以删除程序的快捷方式

11．双击某个文件夹图标，将（　）。
A．删除该文件夹　　B．打开该文件夹
C．删除该文件夹文件　　D．复制该文件夹文件

12．在 Windows 资源管理器中，选择【编辑】/【剪切】命令（　）。
A．只能剪切文件夹　　B．只能剪切文件
C．可以剪切文件或文件夹　　D．不能剪切系统文件

13．在 Windows 窗口中，创建新的子目录，应选择（　）菜单项中“新建”下的“文件夹”命令。
A．“文件”　B．“编辑”　C．“工具”　D．“查看”

14．在 Windows 窗口中，按（　）可删除文件。
A．【F7】键　　B．【F8】键
C．【BackSpace】键　　D．【Delete】键

15．在 Windows 窗口中，选择某一文件夹，执行【文件】/【删除】命令，则（　）。
A．只删除文件夹而不删除其包含的程序项
B．删除文件夹内的某一程序项
C．删除文件夹内的所有程序项而不删除文件夹
D．删除文件夹及其所有程序项

16．在搜索文件或文件夹时，若用户输入“*．*”，则将搜索（　）。
A．所有文件名中含有*的文件　　B．所有扩展名中含有*的文件
C．所有文件　　D．所有文字中含有*的文件

17．在 Windows 的回收站中，可以恢复（　）。
A．从硬盘中删除的文件或文件夹
B．从移动硬盘中删除的文件或文件夹
C．剪切掉的文档
D．从光盘中删除的文件或文件夹

18．打开一个子目录后，选中全部内容的快捷键是（　）。
A．【Ctrl+C】组合键　　B．【Ctrl+V】组合键
C．【Ctrl+X】组合键　　D．【Ctrl+A】组合键

19．在 Windows 7 中，按（　）键并拖曳某一文件夹到另一文件夹中，可完成对该程序项的复制操作。
A．【Alt】　B．【Shift】　C．空格　D．【Ctrl】

20．在 Windows 7 中，用户建立的文件默认具有的属性是（　）。
A．隐藏　B．只读　C．存档　D．系统

21．在 Windows 中，【Alt+Tab】组合键的作用是（　）。
A．关闭应用程序　　B．打开应用程序的控制菜单
C．应用程序之间相互切换　　D．打开“开始”菜单

22．下列选项中，不属于 Windows 7 系统中自带的库的是（　）。

A．视频　　B．音乐　　C．文件　　D．图片

23．在 Windows 中，若要恢复回收站中的文件，在选择待恢复的文件后应选择（　）命令。

A．“恢复此选项”　　B．“撤销此选项”

C．“还原此选项”　　D．“后退此选项”

24．在 Windows 窗口中，选择（　）查看方式可显示文件的“大小”与“修改时间”。

A．“大图标”　　B．“小图标”　　C．“列表”　　D．“详细资料”

25．在 Windows 窗口左侧窗格中单击某个磁盘，则（　）。

A．在左窗口中展开该磁盘内容

B．在左窗口中显示其内容

C．在右窗口中仅显示该磁盘中的文件夹

D．在右窗口中显示该磁盘中的文件夹或文件

26．在 Windows 的窗口中，“剪切”一个文件后，该文件被（　）。

A．隐藏　　B．临时放到桌面上

C．临时存放在“剪贴板”上　　D．放到“回收站”

27．要按文件字节的大小顺序显示文件夹中的文件，应在【查看】/【排列图标】命令中选择（　）命令。

A．“按名称”　　B．“按修改时间”

C．“按项目”　　D．“按大小”

28．在 Windows 中，当一个文件被更名后，文件的内容（　）。

A．完全消失　　B．完全不变　　C．发生损害　　D．不会改变

29．查看一个图标所表示的文件类型、位置和大小等，可使用右键菜单中的（　）命令。

A．“打开”　　B．“发送到”　　C．“重命名”　　D．“属性”

30．文件路径包括相对路径和（　）两种。

A．绝对路径　　B．直接路径　　C．间接路径　　D．任意路径

31．文件的扩展名主要是用于（　）。

A．区别不同的文件　　B．标识文件的类型

C．方便浏览　　D．标识文件的属性

32．下面关于 Windows 文件名的叙述中错误的是（　）。

A．文件名中允许使用汉字　　B．文件名中允许使用多个圆点分隔符

C．文件名中允许使用空格　　D．文件名中允许使用竖线“|”

33．一个文件的扩展名通常表示为（　）。

A．文件大小　　B．常见文件的日期

C．文件版本　　D．文件类型

34．在 Windows 中，将某一个程序项移动到一个打开的文件夹中，应（　）。

A．单击鼠标左键　　B．双击鼠标左键

C．拖曳程序项到目标文件夹中　　D．单击或双击鼠标右键

35．在 Windows 中，在“键盘属性”对话框的“速度”选项卡中可以进行的设置为（　）。

A．重复延迟、重复率、光标闪烁频率

B．重复延迟、重复率、光标闪烁频率、击键频率

C．重复的延迟时间、重复速度、光标闪烁速度

D．延迟时间、重复率、光标闪烁频率

36．在“控制面板”窗口中，“程序和功能”超链接可用于（ ）。

A．设置字体　　B．设置键盘与鼠标

C．安装未知新设备　　D．卸装/安装程序

二、多选题

1．要把C盘上的某个文件夹或文件移到 D 盘上，可使用的方法有（ ）。

A．从C盘窗口中将其直接拖动到D 盘窗口中

B．在C盘窗口中选择该文件或文件夹，按【Ctrl+X】组合键剪切，在D 盘窗口中按【Ctrl+V】组合键粘贴

C．在C盘窗口中按住【Shift】键将其拖动到D盘窗口中

D．在C盘窗口中按住【Ctrl】键将其拖动到D盘窗口中

2．在 Windows 7 中，下列关于新建文件夹的做法正确的是（ ）。

A．单击鼠标左键，在弹出的快捷菜单中选择【新建】/【文件夹】命令

B．单击鼠标右键，在弹出的快捷菜单中选择【新建】/【文件夹】命令

C．在窗口中选择【文件】/【新建】/【文件夹】命令

D．在窗口中单击新建文件夹按钮

3．下列选项中，可以实现全选文件夹的操作是（ ）。

A．按【Ctrl+A】组合键

B．选择第一个文件夹，按住【Ctrl】键并单击最后一个文件夹

C．选择【编辑】/【全选】命令

D．单击选择所有需要选择的文件夹

4．文件夹中可存放（ ）。

A．文件　　B．程序　　C．图片　　D．文件夹

5．在 Windows 7 窗口中，通过“查看”菜单可以实现的排序方式有（ ）。

A．按日期显示　　B．按文件类型显示

C．按文件大小显示　　D．按文件名称显示

6．在 Windows 7 中，下面关于打印机说法错误的是（ ）。

A．每一台安装在系统中的打印机都在 Windows 的“打印机”文件夹中有一个记录

B．任何一台计算机都只能安装一台打印机

C．一台计算机上可以安装多台打印机

D．每台计算机可以有多个默认打印机

7．打开“控制面板”窗口的方法有（ ）。

A．选择【开始】/【控制面板】菜单命令

B．双击文档

C．单击“计算机”窗口中的“控制面板”超链接

D．单击桌面的“控制面板”快捷方式

8．下列选项中，可以隐藏的文件有（ ）。

A．程序文件　　B．系统文件　　C．可执行文件　D．图片

9．安装应用程序的方法有（　　）。

A．双击程序文件

B．用鼠标右键单击程序文件，在打开的快捷菜单中选择“安装”命令

C．使用“运行”菜单命令

D．在“控制面板”窗口中单击“程序和功能”超链接

10．下列对文件和文件夹的操作结果的描述中，正确的是（　　）。

A．移动文件后，文件不会从原来的位置消失，同时在目标位置出现

B．复制粘贴文件后，文件会从原来的位置消失，同时在目标位置出现

C．移动与复制只针对选择的多个文件或文件夹，没被选中的文件不会发生变化

D．系统默认情况下，删除硬盘上的文件或文件夹后，删除的内容被放入回收站

11．在英文输入状态下，下列不能作为文件名的是（　　）。

A．*　　B．@　　C．?　　D．\

12．下列关于文件类型的说法中，正确的是（　　）。

A．txt 表示文本文件　　B．xls 表示电子表格文件

C．wav 表示声音文件　　D．swf 表示动画文件

13．选取多个文件后，可以进行的操作是（　　）。

A．重命名　　B．删除　　C．移动　　D．复制

14．以下操作能启动控制面板的是（　　）。

A．在“开始”菜单中单击 控制面板 按钮

B．在“计算机”窗口中单击 打开控制面板 按钮

C．在文件窗口中单击 打开控制面板 按钮

D．在桌面上单击“控制面板”图标

15．文件都有各自的属性，一个文件能被修改的属性通常有（　　）。

A．只读　　B．隐藏　　C．存档　　D．其他

三、判断题

1．文件名由主文件名和扩展名两部分组成，主文件名和扩展名之间用“.”隔开。（　　）

2．在为 Windows 文件命名时，由于文件名可能用“.”，所以会出现多个扩展名。（　　）

3．文件名相同，文件类型不同，可以存放于同一目录中。（　　）

4．在不同文件夹下，可以有两个相同名称的文件。（　　）

5．在 Windows 系统中，可以在一个文件夹中再建一个与之同名的子文件夹。（　　）

6．移动文件后，文件仍然保留在原来的文件夹中，在目标文件夹中也出现该文件。（　　）

7．文件被删除进入回收站后，仍然占用磁盘空间，必须“清空回收站”才能释放出被占用的磁盘空间。（　　）

8．在回收站中选择“清空回收站”命令后，回收站中的全部文件和文件夹将被删除，并且不可还原。（　　）

9．在多级目录结构中，不允许文件同名。（　　）

10．文件夹可以包含一个或多个子文件夹。（　　）

11．将文件或文件夹改名时，可以用鼠标右键单击要改名的文件或文件夹，在弹出的快捷菜单中选择“重命名”命令，输入新名字并按【Enter】键。（　）

12．移动文件可以通过“剪切”和“粘贴”的方法来完成。（　）

13．在 Windows 系统中，剪切后的文件可通过回收站恢复。（　）

14．在文件夹窗口中，如果文件已经被选中，则按住【Ctrl】键，再单击这个文件，即可取消选定。（　）

15．在同一文件夹中，可以有两个名称相同的文件。（　）

16．Windows 的剪贴板只能复制文本，不能复制图形或表格。（　）

17．在 Windows 7 中，只能复制文件或文件夹，不能复制其所在路径。（　）

18．在回收站中的文件及文件夹不可删除，只能恢复。（　）

19．文件夹中可以包含程序、文档和文件夹。（　）

20．选择【开始】/【所有程序】/【附件】/【画图】命令，即可启动画图程序。（　）

21．在播放视频或图片文件时，Windows Media Player 将自动切换到“正在播放”视图模式，如果再切换到“媒体库”模式，将只能听见声音而无法显示视频和图片表。（　）

22．通过“搜索”文本框找到若干文件，可以在“搜索结果”窗口中对这些文件进行打开、重命名和删除等操作。（　）

23．计算机系统中的所有文件一般可分为可执行文件和非可执行文件两大类，可执行文件的扩展名为.exe 或.com。（　）

24．配合使用【Shift】键删除的文件不可以恢复。（　）

25．只要不清空回收站，总可以恢复被删除的文件。（　）

26．Windows 中每个应用程序都有一个剪贴板。（　）

27．剪贴板可以共享，其上信息不会改变。（　）

28．在 Windows 中，查找文件时，可以使用通配符“?”代替文件名中的一部分。（　）

29．在 Windows 中，按住鼠标左键在不同驱动器、不同文件夹内拖动某一对象，结果是复制该对象。（　）

30．文件夹中只能包含文件。（　）

31．在 Windows 中，如果需要彻底删除某文件或者文件夹，可按【Shift+Delete】组合键。（　）

32．文件和文件夹可根据需要按日期、名称、大小、类型进行排序。（　）

33．Windows 中具有隐藏属性的文档的目录资料不会被显示出来。（　）

34．要设置和修改文件夹或文档的属性，可用鼠标右键单击该文件夹或文档上的图标，在弹出的快捷菜单中选择“属性”命令。（　）

35．“记事本”程序主要用于处理 txt 文件。（　）

36．Windows 中的记事本可用来编辑文本、表格和图形。（　）

37．“写字板”和“记事本”的功能是完全相同的。（　）

38．使用“记事本”可以对文本文件进行编辑。（　）

39．使用“画图”程序时，当默认颜色不能满足要求时，可以编辑颜色。（　）

40．在 Windows 环境下，文本文件只能用记事本打开，不能用 Word 或写字板打开。（　）

41．Windows 本身不带有文字处理程序。（ ）

42．画图程序中所有绘制工具及编辑命令都集成在“功能选项卡和功能区”的“主页”选项卡中。（ ）

43．Windows 中无需安装相应的多媒体外部设备和驱动程序就可以操作某种特定的多媒体文件。（ ）

44．选择【开始】/【设备和打印机】命令，打开打印机文件夹，单击“添加打印机”超链接，可添加打印机。（ ）

45．一台计算机可以安装网络打印机和本地打印机。（ ）

46．如果想卸载程序，只要找到相关文件和文件夹进行删除即可。（ ）

47．Windows 不支持打印机共享。（ ）

48．Windows 的附件包含了截图工具。（ ）

49．鼠标双击的速度可以进行调整。（ ）

50．在 Windows 系统下，打印时不能进行其他操作。（ ）

51．在 Windows 7 中，可以安装多台默认打印机。（ ）

52．Windows 中的文件夹实际代表的是外存储介质上的一个存储区域。（ ）

53．记事本与写字板都可以进行文字编辑。（ ）

## 四、操作题

1．在 D 盘建立一个文件管理体系，分别创建“工作”“学习”“娱乐”“常用工具”等文件夹，并将各种文件资料放到不同的文件夹中，然后对某些文件或文件夹进行重命名，将不需要的文件删除。通过练习熟悉文件和文件夹的各种操作。

2．通过控制面板设置适合自己的鼠标属性，利用鼠标拖动的方式将桌面上打开的窗口中的“M”文件夹进行删除，按住鼠标左键拖曳“M”文件夹到回收站中。

3．在写字板中插入一张图片并配上文字，然后调整其格式，完成效果如图 4.1 所示。完成后将该文件保存到 D 盘目录下。

图 4.1　在写字板中插入图片效果

4．在写字板中输入内容并应用格式，效果如图 4.2 所示，完成后将其保存到 D 盘目录下。

***表演大师***

有一位表演大师上场前，他的弟子告诉他鞋带松了。大师点头致谢，蹲下来仔细系好。等到弟子转身后，又蹲下来将鞋带解松。有个旁观者看到了这一切，不解地问：“大师，您为什么又要将鞋带解松呢？”大师回答道：“因为我饰演的是一位劳累的旅者，长途跋涉让他的鞋带松开，可以通过这个细节表现他的劳累憔悴。”“那您为什么不直接告诉您的弟子呢？”“他能细心地发现我的鞋带松了，并且热心地告诉我，我一定要保护他这种热情的积极性，并及时地给他鼓励，至于为什么要将鞋带解开，将来会有更多的机会教他表演，可以下一次再说啊！”

<u>人一个时间只能做一件事，懂抓重点，才是真正的人才。</u>

图 4.2　在写字板中输入内容并应用格式效果

5．在“画图”程序中绘制人物效果，其中，人物使用“曲线工具”，花朵使用圆形工具勾画出花的一片花瓣，然后复制花瓣并使用“旋转”命令调整花瓣的角度后，依序放置，完成一朵花瓣的绘制。完成后将其命名为“人物”并以 PNG 格式保存到 D 盘目录下，效果如图 4.3 所示。

图 4.3　绘制的人物效果

6．使用科学型计算器计算（sin30°+cos60°+tan45°）× 54 × 33 的结果。

7．安装 Office 2010 组件到系统盘，通过控制面板卸载不需要的软件。

# 项目五　Word 2010 基本操作

一、单选题

1．在 Word 窗口中编辑文档时，单击文档窗口标题栏右侧的▭按钮后，会（　）。

A．关闭窗口　　B．最小化窗口

C．使文档窗口独占屏幕　　D．使当前窗口缩小

2．在 Word 主窗口的右上角，可以同时显示的按钮是（　）。

A．“最小化\还原”和“最大化”　　B．“还原\最大化”和“关闭”

C．“最小化\还原”和“关闭”　　D．“还原”和“最大化”

3．文档窗口利用水平标尺设置段落缩进，需要切换到（　）视图方式。

A．页面　　B．Web 版式　　C．阅读版式　　D．大纲

4．在 Word 编辑状态下，打开计算机的“日记.docx”文档，若要把编辑后的文档以文件名“旅行日记.htm”存盘，则可以执行“文件”菜单中的（　）命令。

A．“保存”　　B．“另存为”　　C．“全部保存”　　D．“保存并发送”

5．在快速访问工具栏中，↶按钮的功能是（　）。

A．撤销上次操作　　B．恢复上次操作

C．设置下划线　　D．插入链接

6．在 Word 中更改文字方向菜单命令的作用范围是（　）。

A．光标所在处　　B．整篇文档　　C．所选文字　　D．整段文章

7．在 Word 中按（　）可将光标快速移至文档的开端。

A．【Ctrl+Home】组合键　　B．【Ctrl+Shift+End】组合键

C．【Ctrl+End】组合键　　D．【Ctrl+Shift+Home】组合键

8．在 Word 2010 中输入文字时，在（　）模式下输入新的文字时，后面原有的文字将会被覆盖。

A．插入　　B．改写　　C．更正　　D．输入

9．Word 2010 中按住（　）键的同时拖动选定的内容到新位置可以快速完成复制操作。

A．【Ctrl】　　B．【Alt】　　C．【Shift】　　D．空格键

10．在 Word 中不能实现选中整篇文档的操作是（　）。

A．按【Ctrl+C】组合键

B．在【开始】/【编辑】组中单击“选择”按钮，在打开的下拉列表中选择“全选”选项

C．在选定区域按住【Ctrl】键，然后单击

D．在选定区域三击鼠标左键

11．在 Word 2010 中，要一次全部保存正在编辑的多个文档，需执行的操作的是（　）。

A．按住【Ctrl】键，并选择【文件】/【全部保存】命令

B．按住【Shift】键，并选择【文件】/【全部保存】命令

C．选择【文件】/【另存为】命令

D．按住【Alt】键，并选择【文件】/【全部保存】命令

12．Word 2010 文档文件的扩展名为（ ）。

A．.txt B．.docx C．.xlsx D．.doc

13．在 Word 窗口的编辑区，闪烁的一条竖线表示（ ）。

A．鼠标位置 B．光标位置 C．拼写错误 D．文本位置

14．在 Word 中选取某一个自然段落时，可将鼠标指针移到该段落区域内（ ）。

A．单击 B．双击 C．右击 D．三击

15．在 Word 中操作时，需要删除一个字，当光标在该字的前面时，应按（ ）。

A．删除键 B．空格键 C．退格键 D．回车键

16．在 Word 操作过程中能够显示总页数、页号、页数等信息的是（ ）。

A．状态栏 B．菜单栏

C．快速访问工具栏 D．标题栏

17．要选定文档中的一个矩形区域，应在拖动鼠标前按下（ ）。

A．【Ctrl】键 B．【Alt】键 C．【Shift】键 D．空格键

18．在 Word 2010 中选定一行文本的方法是（ ）。

A．将鼠标箭头置于目标处并单击

B．将鼠标箭头置于此行左侧的选定栏，出现箭头形状的选定光标时单击

C．用鼠标在此行的选定栏三击

D．将鼠标箭头定位到该行中，当出现闪烁的光标时，连续三次单击

19．将插入点定位于句子“风吹草低见牛羊”中的“草”与“低”之间，按【Delete】键，则该句子为（ ）。

A．风吹草见牛羊 B．风吹见牛羊

C．整句被删除 D．风吹低见牛羊

20．在 Word 2010 中，不属于“开始”功能区的是（ ）。

A．文本 B．字体 C．段落 D．样式

21．如果要隐藏文档中的标尺，则可以通过（ ）选项卡来实现。

A．“插入” B．“编辑” C．“视图” D．“开始”

22．在 Word 2010 中，要将“中文”文本复制到插入点处，应先将“中文”选中，再（ ）。

A．直接拖动文本到插入点

B．在【开始】/【剪切板】组中单击“剪切”按钮，然后在插入点处单击“粘贴”按钮

C．在【开始】/【剪切板】组中单击“复制”按钮，然后在插入点处单击“粘贴”按钮

D．按【Ctrl+C】组合键，然后按【Ctrl+V】组合键

23．单击“格式刷”按钮可以进行（ ）操作。

A．复制文本格式 B．保存文本

C．复制文本 D．清除文本格式

24．选择文本，在“字体”组中单击“字符边框”按钮A，可（ ）。

A．为所选文本添加默认边框样式

B．为当前段落添加默认边框样式

C．为所选文本所在的行添加边框样式

D．自定义所选文本的边框样式

25．为文本添加项目符号后，“项目符号库”栏下的“更改列表级别”选项将呈可用状态，此时，（　）。

A．在其子菜单中可调整当前项目符号的级别

B．在其子菜单中可更改当前项目符号的样式

C．在其子菜单中可自定义当前项目符号的级别

D．在其子菜单中可自定义当前项目符号的样式

26．Word 中的格式刷可用于复制文本或段落的格式，若要将选中的文本或段落格式重复应用多次，则应（　）。

A．单击格式刷　　B．双击格式刷

C．右击格式刷　　D．拖动格式刷

27．在 Word 2010 中，输入的文字默认的对齐方式是（　）。

A．左对齐　　B．右对齐　　C．居中对齐　　D．两端对齐

28．“左缩进”和“右缩进”调整的是（　）。

A．非首行　　B．首行　　C．整个段落　　D．段前距离

29．修改字符间距的位置是（　）。

A．“段落”对话框中的“缩进与间距”选项卡

B．两端对齐

C．“字体”对话框中的“高级”选项卡

D．分散对齐

30．给文字加上着重符号，可通过（　）实现。

A．“字体”对话框　　B．“段落”对话框

C．“字符”对话框　　D．“符号”对话框

31．在 Word 2010 中，同时按住（　）和【Enter】键可以不产生新的段落。

A．【Alt】键　　B．【Shift】键　　C．【Ctrl】键　　D．【Ctrl+Shift】组合键

32．Word 根据字符的大小自动调整行距，此行距称为（　）行距。

A．5 倍行距　　B．单倍行距　　C．固定值　　D．最小值

33．Word 中插入图片的默认版式为（　）。

A．嵌入型　　B．紧密型　　C．浮于文字上方　　D．四周型

34．下列不属于 Word 2010 的文本效果的是（　）。

A．轮廓　　B．阴影　　C．发光　　D．三维

35．在 Word 2010 中使用标尺可以直接设置段落缩进，标尺顶部的三角形标记用于设置（　）。

A．首行缩进　　B．悬挂缩进　　C．左缩进　　D．右缩进

36．选择文本，按【Ctrl+B】组合键后，字体会（　）。

A．加粗　　B．倾斜　　C．加下划线　　D．设置成上标

37．在 Word 中进行“段落设置”，如果设置“右缩进 2 厘米”，则其含义是（　）。

A．对应段落的首行右缩进 2 厘米

B．对应段落除首行外，其余行都右缩进 2 厘米
C．对应段落的所有行在右页边距 2 厘米处对齐
D．对应段落的所有行都右缩进 2 厘米

38．在 Word 中，为文字设置上标和下标效果应在（ ）功能区中进行。
A．“字体” B．“格式” C．“插入” D．“开始”

39．使图片按比例缩放的方法为（ ）。
A．拖动中间的控制点 B．拖动四角的控制点
C．拖动图片边框线 D．拖动边框线的控制点

40．为了防止他人随意查看 Word 文档信息，可为文档添加密码保护，一般可通过（ ）来实现。
A．选择【文件】/【信息】命令中的“保护文档”选项
B．将文档设置为只读文件
C．将文档设置为禁止编辑状态
D．为文档添加数字签名

## 二、多选题

1．下列操作中，可以打开 Word 文档的操作是（ ）。
A．双击已有的 Word 文档
B．选择【文件】/【打开】菜单命令
C．按【Ctrl+O】组合键
D．选择【文件】/【最近所用的文件】菜单命令

2．在 Word 中能关闭文档的操作有（ ）。
A．选择【文件/【关闭】命令
B．单击文档标题栏右端的按钮
C．在标题栏上单击鼠标右键，在弹出的快捷菜单中选择“关闭”命令
D．选择【文件】/【保存】命令

3．关于“保存”与“另存为”说法中错误的有（ ）。
A．在文件第一次保存时，两者功能相同
B．“另存为”是将文件另外再保存一份，但不可以重新命名文件
C．用“另存为”保存的文件不能与原文件同名
D．在保存旧文档时，两者功能相同

4．保存正在编辑的文件可通过（ ）来实现。
A．单击标题栏上的“保存”按钮
B．选择【文件】/【保存】命令
C．按【Ctrl+S】组合键
D．按【F12】键

5．Word 2010 中，可隐藏（ ）。
A．功能区 B．标尺 C．网格线 D．导航窗格

6．在 Word 2010 中，文档可以保存为（ ）格式。
A．Web 页 B．纯文本 C．PDF D．RTF

7．拆分 Word 文档窗口的方法正确的有（　）。

A．按【Ctrl+Alt+S】组合键

B．按【Ctrl+Shift+S】组合键

C．拖动垂直滚动条上方的“拆分”按钮

D．在【视图】/【窗口】组中单击“拆分”按钮

8．在 Word 中，若需选定整个段落，则可执行（　）操作。

A．用鼠标在行首单击，然后按住【Shift】键再单击段尾

B．在段落左侧的空白处快速双击

C．用鼠标在段内任意处快速三击

D．按住【Ctrl】键在段内任意处单击

9．在 Word 2010 中的“查找与替换”对话框中查找的内容包括（　）。

A．样式　　B．字体　　C．段落标记　　D．图片

10．插入手动分页符的方法有（　）。

A．在【页面布局】/【页面设置】组中单击“分隔符”按钮，在打开的下拉列表中选择“分页符”选项

B．在【插入】/【页】组中单击“分页”按钮

C．按【Ctrl+Enter】组合键

D．按【Shift+Enter】组合键

11．Word 中，如果要设置段落缩进，下列操作中正确的是（　）。

A．在【开始】/【样式】组中进行设置

B．在【开始】/【段落】组中进行设置

C．移动标尺上的段落缩进游标

D．在“段落”对话框的“缩进”栏中进行设置

12．在 Word“段落”对话框中能完成的操作有（　）。

A．设置段落缩进　　B．设置项目符号

C．设置段落间距　　D．设置字符间距

13．下列段落缩进中，属于 Word 的缩进效果的是（　）。

A．左缩进　　B．右缩进　　C．悬挂缩进　　D．首行缩进

14．Word 2010 中，以下有关“项目符号”的说法正确的是（　）。

A．项目符号可以是英文字母　　B．项目符号可以改变格式

C．项目符号可以是计算机中的图片　　D．项目符号可以自动顺序生成

15．编号可以是（　）。

A．罗马数字　　B．汉字数字　　C．英文字母　　D．带圈数字

16．在 Word 中，如果要在文档中层叠图形对象，应执行（　）操作。

A．在右键菜单中选择“叠放次序”命令

B．在右键菜单中选择“组合”命令

C．在【绘图工具】/【格式】/【排列】组中单击“上移一层”按钮或“下移一层”按钮

D．在【绘图工具】/【格式】/【排列】组中单击“位置”按钮

17．利用“带圈字符”命令可以给字符加上（　）。

A．圆形 B．正方形 C．三角形 D．菱形

18．在 Word 2010 中，可以将边框添加到（ ）。

A．文字 B．段落 C．页面 D．表格

19．在 Word 中选择多个图形，可（ ）。

A．按住【Ctrl】键，再依次选取 B．按住【Shift】键，再依次选取

C．按住【Alt】键，再依次选取 D．按住【Shift+ Ctrl】键，再依次选取

20．以下关于“项目符号”的说法正确的是（ ）。

A．可以使用“项目符号”按钮☰来添加

B．可以使用软键盘来添加

C．可以使用格式刷来添加

D．可以自定义项目符号样式

三、判断题

1．Word 可将正在编辑的文档另存为一个纯文本（.txt）文件。（ ）

2．Word 允许同时打开多个文档。（ ）

3．第一次启动 Word 后系统将自动创建一个空白文档，并命名为“新文档.docx”。（ ）

4．使用“文件”菜单中的“打开”命令可以打开一个已存在的 Word 文档。（ ）

5．保存已有文档时，程序不会做任何提示，直接将修改保存下来。（ ）

6．默认情况下，Word 2010 是以可读写的方式打开文档的，为了保护文档不被修改，用户可以以只读的方式或以副本的方式打开文档。（ ）

7．在 Word 中向前滚动一页，可通过按【PageDown】键来完成。（ ）

8．按住【Ctrl】键的同时滚动鼠标滚轮可以调整显示比例，滚轮每滚动一格，显示比例增大或减小 100%。（ ）

9．在 Word 2010 中，滚动条的作用是控制文档内容在页面中的位置。（ ）

10．Word 2010 的浮动工具栏只能设置字体的字形、字号和颜色。（ ）

11．当执行了误操作后，可以单击“撤销”按钮↶撤销当前操作，还可以从下拉列表中执行多次撤销或恢复多次撤销的操作。（ ）

12．在 Word 2010 中，“剪切”和“复制”命令只有在选定对象后才能使用。（ ）

13．可以同时打开多个文档窗口，但其中只有一个是活动窗口。（ ）

14．如果需要对文本格式化，则必须先选择被格式化的文本，然后再对其进行操作。（ ）

15．使用【Delete】键删除的图片，可以粘贴回来。（ ）

16．从第二行开始，相对于第一行左侧的偏移量称为首行缩进。（ ）

17．Word 2010 提供的撤销功能，只能撤销最近的上一步操作。（ ）

18．Word 2010 中进行高级查找和替换操作时，常使用的通配符有“？”和“*”，其中，“*”表示一个任意字符，“？”表示任意多个字符。（ ）

19．在进行替换操作时，如果“替换为”文本框中未输入任何内容，则不会进行替换操作。（ ）

20．在 Word 2010 中，使用【Ctrl+H】组合键可以打开“查找和替换”对话框。（ ）

21．使用【Ctrl + D】组合键可以打开“段落”对话框。（ ）

22．对 Word 2010 中的字符进行水平缩放时，应在“字体”对话框的“高级”选项卡中选择缩放的比例，缩放比例大于 100%时，字体趋于宽扁。（ ）

23．Word 2010 中提供了横排和竖排两种类型的文本框。（ ）

24．在文本框中不可以插入图片。（ ）

25．通过改变文本框的文字方向不可以实现横排和竖排的转换。（ ）

26．Word 中不能插入剪贴画。（ ）

27．在插入艺术字后，既能设置字体，又能设置字号。（ ）

28．Word 中被剪掉的图片可以恢复。（ ）

29．SmartArt 图形是信息和观点的视觉表示形式。（ ）

30．Word 2010 具有将用户需要的页面内容转化为图片的插入对象的功能。（ ）

## 四、操作题

1．对“通知.docx”文档进行编辑、格式化和保存，具体要求如下。

（1）双击“通知.docx”文档将其打开，选择文档标题，在“段落”工具栏上单击“居中对齐”按钮，然后选择最后的署名和时间，单击“段落”工具栏上的“右对齐”按钮。

（2）选择考试时间、地点、内容和方式等内容，单击“段落”工具栏上的“项目符号”按钮，在打开的下拉列表框中选择项目符号样式。

（3）按空格键，使“考试内容”的 1、2、3 点对齐。

（4）选择公司署名所在的段落，单击“段落”工具栏右下角的按钮，打开“段落”对话框，在“段落”对话框中选择“缩进和间距”选项卡，在“间距”栏的“段前”数值框中输入“2 行”，单击确定按钮。

（5）选择【文件】/【另存为】菜单命令，打开“另存为”对话框，在左侧文件夹窗格中选择文档的保存位置，在“文件名”文本框中输入“通知 1”。单击保存(S)按钮，保存文档。

“通知 1.docx”的文档效果如图 5.1 所示。

**关于电脑知识及操作考试的通知**

各门店：

为减少公司电脑设备因人为操作而产生故障，以致造成不必要的损失，促进员工电脑操作水平的提高，总经办网络管理员已在公司网站上发布相关培训资料两月有余。为考评员工对电脑理论及操作知识的掌握程度，拟开展电脑操作考试。

- 考试时间：2015 年 10 月 28 日（星期五）下午 16：00
- 考试地点：公司会议室
- 考试内容：1. 电脑理论及操作
  2. 电脑设备及硬件日常维护
  3. 电脑常见故障及排除方法
- 考试方式：笔试（40 分钟）和上机操作（60 分钟）。

请各位店长和组长务必准时参加！

四川康健大药房连锁有限责任公司

2015 年 10 月 20 日

图 5.1 “通知 1.docx”文档效果

微课：项目五操作题 1

2．对“化妆品宣传.docx”文档进行美化编辑，包括插入图形、图片与艺术字，设置字符格式，添加底纹效果，具体要求如下。

（1）打开“化妆品宣传.docx”文档，选择标题，更改字体为“隶书”，为“Butter”添加下划线，更改“新品”颜色为紫色，分别为“新品”两个字符加圈。

（2）在【插入】/【文本】组中单击“艺术字”按钮，在打开的下拉列表框中选择“艺术字样式 16”选项，在打开的对话框中输入第二行文本。设置字体格式为“隶书，36，加粗”，在【艺术字工具】/【格式】/【艺术字样式】组中设置字体颜色为“橙色”。

（3）在【插入】/【插图】组中单击“图片”按钮，选择计算机中保存的图片，单击 插入(S) 按钮插入图片。

（4）选择图片，拖动四角的控制点调整图片大小，在【图片工具】/【格式】/【排列】组中单击“自动换行”按钮，在打开的下拉列表中选择“四周型环绕”选项。将图片移动到右上角。

（5）选择图片，在【图片工具】/【格式】/【图片样式】组的列表框中选择“柔化边缘椭圆”选项。

（6）删除第二行文本，选择下一段文本，设置字体格式为“宋体，小四”，加粗“柔和保湿系列”文本。

（7）选择最后四段文本，设置字体为“楷体_GB2312，小四”，单击“段落”工具栏上的“项目符号”按钮，在其下拉列表框中选择“自定义项目符号”，插入软件自带的图片项目符号样式。

（8）单击“段落”工具栏右下角的按钮，打开“段落”对话框，在“段落”对话框中选择“缩进和间距”选项卡，在“间距”栏的“段后”数值框中输入“6 磅”。

（9）按【Ctrl+Shift】组合键，分别选择冒号及冒号前的文本，更改字体颜色为“紫色”，在【开始】/【段落】组中单击“底纹”按钮，为其添加底纹。美化后保存文档。

“化妆品宣传.docx”文档效果如图 5.2 所示。

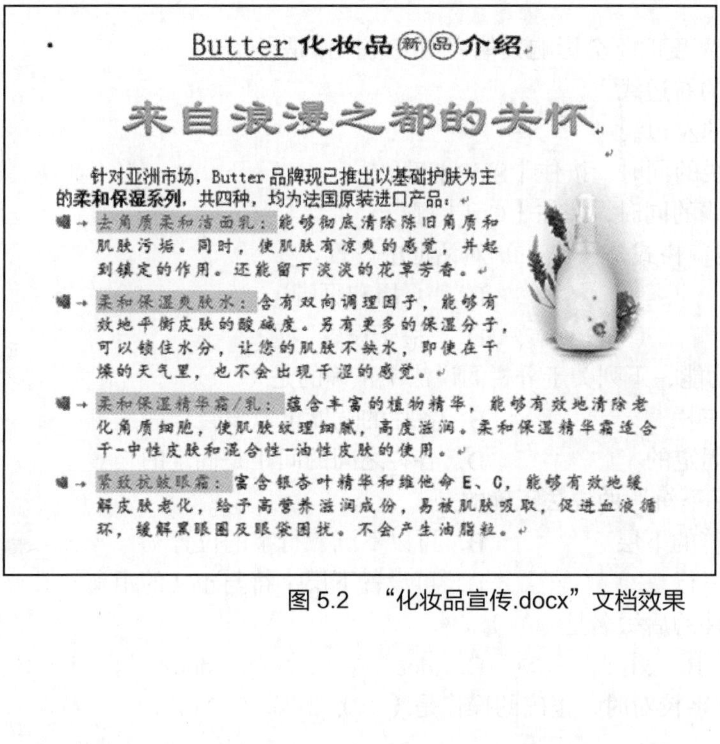


图 5.2 “化妆品宣传.docx”文档效果

微课：项目五操作题 2

# 项目六 排版文档

一、单选题

1．若要在 Word 中删除表格中的某单元格所在行，则应选择“删除单元格”对话框中的（ ）选项。

A．“右侧单元格左移” B．“下方单元格上移”
C．“删除整行” D．“删除整列”

2．下列关于在 Word 中拆分单元格的说法正确的是（ ）。

A．只能把表格拆分为多行 B．只能把表格拆分为多列
C．可以拆分成设置的行列数 D．拆分的单元格必须是合并后的单元格

3．Word 表格功能相当强大，当把插入点定位在表的最后一行的最后一个单元格时，按【Tab】键，将（ ）。

A．增加一个制表符空格 B．增加新列
C．增加新行 D．把插入点移入第一行的第一个单元格

4．在选定了整个表格之后，若要删除整个表格中的内容，可执行（ ）操作。

A．单击鼠标右键，弹出快捷菜单，选择“删除表格”命令
B．按【Delete】键
C．按【Space】键
D．按【Esc】键

5．在改变表格中某列宽度时不会影响其他列宽度的操作是（ ）。

A．直接拖动某列的右边线
B．直接拖动某列的左边线
C．拖动某列右边线的同时，按住【Shift】键
D．拖动某列右边线的同时，按住【Ctrl】键

6．在 Word 中，“页码”格式是在（ ）对话框中设置。

A．“页面设置” B．“页眉和页脚”
C．“页码格式” D．“稿子设置”

7．Word 具有分栏的功能，下列关于分栏的说法中正确的是（ ）。

A．最多可以设置三栏 B．各栏的宽度可以设置
C．各栏的宽度是固定的 D．各栏之间的间距是固定的

8．下面对 Word“首字下沉”的说法正确的是（ ）。

A．可设置两个字符的下层 B．可以下沉三行字的位置
C．最多只能下沉三行 D．可设置下层字符与正文的距离

9．Word 2010 模板文件的后缀名是（ ）。

A．.dot B．.xlsx C．.doc D．.docx

10．在 Word 中进行文字校对时，正确的操作是（ ）。

A．选择【文件】/【选项】命令

B．在【审阅】/【校对】组中单击“信息检索”按钮

C．在【审阅】/【校对】组中单击“修订”按钮

D．在【审阅】/【校对】组中单击“拼写和语法”按钮

11．在 Word 中使用模板创建文档的过程是（ ），然后选择模板名。

A．选择【文件】/【打开】菜单命令

B．选择【文件】/【选项】菜单命令

C．选择【文件】/【新建模板文档】菜单命令

D．选择【文件】/【新建】菜单命令

12．有关样式的说法正确的是（ ）。

A．用户可以使用样式，但必须先创建样式

B．用户可以使用 Word 预设的样式，也可以自定义样式

C．Word 没有预设的样式，用户只能建立后再去使用

D．用户可以使用 Word 预设的样式，但不能自定义样式

13．在 Word 窗口中，若光标停在某个字符之前，则当选择某样式时，对当前起作用的是（ ）。

A．字段　　B．行　　C．段落　　D．文档中的全部段落

14．当用户输入错误的或系统不能识别的文字时，Word 会在文字下面以（ ）标注。

A．红色直线　　B．红色波浪线　　C．绿色直线　　D．绿色波浪线

15．在 Word 的编辑状态下，为文档设置页码，可以使用（ ）。

A．【引用】/【目录】组　　B．【开始】/【样式】组

C．【插入】/【页】组　　D．【插入】/【页眉页脚】组

16．Word 的页边距可以通过（ ）设置。

A．【插入】/【插图】组　　B．【开始】/【段落】组

C．【页面布局】/【页面设置】组　　D．【文件】/【选项】菜单命令

17．在 Word 中要为段落插入书签应通过（ ）设置。

A．【页面布局】/【段落】组　　B．【开始】/【段落】组

C．【页面布局】/【页面设置】组　　D．【插入】/【链接】组

18．在 Word 中预览文档打印后的效果，需要使用（ ）功能。

A．打印预览　　B．虚拟打印　　C．提前打印　　D．屏幕打印

19．以下关于 Word 2010 页面布局的功能，说法错误的是（ ）。

A．页面布局功能可以为文档设置首字下层

B．页面布局功能可以设置文档分隔符

C．页面布局功能可以设置稿纸效果

D．页面布局功能可以为段落设置缩进与间距

20．打印一个文件的第 7 页、第 12 页，页码范围设定正确的是（ ）。

A．7-12　　B．7/12　　C．7,12　　D．7 ~ 12

21．在 Word 2010 中，要想对文档进行翻译，需执行（ ）操作。

A．在【审阅】/【校对】组中单击“信息检索”按钮

B．在【审阅】/【语言】组中单击“翻译”按钮

C．在【审阅】/【校对】组中单击“语言”按钮

D．在【审阅】/【语言】组中单击“语言”按钮

22．下面有关 Word 2010 校对功能的叙述，正确的是（　）。

A．可以查出文档中的拼写和语法错误，但不能提供改错功能

B．可以查出文档中的拼写和语法错误，并能给出相应的修改意见

C．不能查出文档中的拼写和语法错误，也不具有改错功能

D．不能查出文档中的拼写和语法错误，但可以就文档中的错误给出相应的修改意见

23．下面关于 Word 页码与页眉、页脚的描述，正确的是（　）。

A．页眉页脚就是页码

B．页眉页脚与页码分别设定，所以二者毫无关系

C．页码只能设置在页眉页脚

D．页码可以插入到页眉页脚中

24．在 Word 中打印文档时，取消打印应该（　）。

A．选择【文件】/【取消打印】菜单命令

B．关闭正在打印的文档

C．按【Esc】键

D．在“开始”菜单中选择“设备和打印机”菜单命令。在打印机图标上单击鼠标右键，在弹出的快捷菜单中选择“查看正在打印什么”命令，然后在打开的窗口中选择需取消打印的文件，选择【文档】/【取消】菜单命令

25．在 Word 的编辑状态下，设置纸张大小时，应当（　）。

A．选择【文件】/【页面设置】菜单命令

B．在快速访问工具栏中单击“纸张大小”按钮

C．在【视图】/【页面设置】组中单击“纸张大小”按钮

D．在【页面布局】/【页面设置】组中单击“纸张大小”按钮

26．目前在打印预览状态，若需打印文件，则（　）。

A．只能在打印预览状态打印

B．在打印预览状态不能打印

C．在打印预览状态也可以直接打印

D．必须退出打印预览状态后才可以打印

27．完成“修订”操作必须通过（　）功能区进行。

A．页面布局　　B．开始　　C．引用　　D．审阅

28．选择（　）选项卡可以实现简体中文与繁体中文的转换。

A．“开始”　　B．“视图”　　C．“审阅”　　D．“引用”

29．对于 Word 2010 中的表格的叙述，正确的是（　）。

A．表格中的数据可以进行公式计算

B．表格中的文本只能垂直居中

C．表格中的数据不能排序

D．只能在表格的外框画粗线

## 二、多选题

1．在 Word 中，人工设定分页符的方法是（　）。

A．选择【文件】/【页面设置】菜单命令

B．单击【视图】/【显示】组中的“分隔符”按钮

C．单击【插入】/【页】组中的“分页”按钮

D．单击【页面布局】/【页面设置】组中的“分隔符”按钮

2．下面关于 Word 样式的叙述，正确的是（　）。

A．修改样式后将自动修改使用该样式的文本格式

B．样式可以简化操作，能节省更多的时间

C．样式不能重复使用

D．样式是 Word 中最强有力的工具之一

3．在 Word 2010 中打开“打印”界面的组合键有（　）。

A．【Ctrl+P】组合键　　B．【Ctrl+F2】组合键

C．【Ctrl+M】组合键　　D．【Ctrl+F3】组合键

4．Word 2010 对文档可做的检查有（　）。

A．英文拼写　　B．英文语法　　C．中文拼写　　D．中文语法

5．在设置打印文档时，用户可以选择的打印方式有（　）。

A．打印整篇文档　　B．打印当前页

C．打印指定的页　　D．打印选定的内容

6．下面关于 Word 排版的说法，正确的有（　）。

A．在同一页面上可同时存在不同的分栏格式

B．通过使用样式，用户可以统一设置文本的字体、字号和段落对齐方式

C．用户可以自定义多个字符或段落样式

D．用户可以为新样式设置一个快捷键，使排版更方便

7．下面有关 Word 文档分页的叙述，正确的有（　）。

A．分页符不能被打印出来

B．Word 文档可以自动分页，也可以人工分页

C．将插入点置于分页符上按任意键可将其删除

D．分页符标志着前一页的结束和一个新页的开始

8．在 Word 2010 中，不能在“打印”界面中进行设置的项目有（　）。

A．打印份数　　B．打印范围　　C．页眉页脚的设置　　D．页码的位置

9．在 Word 2010 中，在文档中插入图片对象后，可以通过设置图片的文字环绕方式进行图文混排。下列属于 Word 提供的文字环绕方式有（　）。

A．四周型　　B．衬于文字下方　C．嵌入型　　D．左右型

10．Word 2010 中可设置的视图方式有（　）。

A．页面视图　　B．阅读版式视图

C．Web 版式视图　　D．草稿视图

三、判断题

1．文本可以转换为表格内容，表格内容不能转换为文本内容。（　）

2．在 Word 2010 中编辑文本时，编辑区显示的“网格线”不会打印在纸上。（　）

3．将文档分为左右两个版面的功能称为分栏，将段落的第一个字放大突出显示是首字下沉功能。（　）

4. Word表格由若干行、若干列组成，行和列交叉的地方称为单元格。（ ）

5. 在Word 2010的表格中，多个单元格不能合并成一个单元格。（ ）

6. 在Word 2010中可以插入表格，而且可以对表格进行绘制、擦除、合并和拆分单元格、插入和删除行列等操作。（ ）

7. 在Word 2010中，只能设置整个表格底纹，不能对单个单元格进行底纹设置。（ ）

8. 在Word 2010中，只要插入的表格选取了一种表格样式，就不能更改表格样式和进行表格的修改。（ ）

9. 页边距可以通过标尺设置。（ ）

10. 对当前文档的分栏最多为三栏。（ ）

11. 页眉与页脚一经插入，就不能修改了。（ ）

12. 在Word 2010中，不但可以给文本套用各种样式，而且还可以更改样式。（ ）

13. 用户可以使用系统定义的样式，也可以使用自定义样式。（ ）

14. 在Word 2010中，不能创建“书法字帖”文档类型。（ ）

15. 在Word 2010中，可以插入“页眉和页脚”，但不能插入“日期和时间”。（ ）

16. 在Word 2010中，不但能插入封面和页码，而且可以制作文档目录。（ ）

17. 在Word 2010中，不但能插入内置公式，还可以插入新公式并可通过“公式工具”功能区进行公式编辑。（ ）

18. 被红色波浪线划出的单词一定有错误。（ ）

19. 当出现语法错误时，不进行改正而直接忽略，绿色的波浪线也会消失。（ ）

20. 向文档中插入页码后，只会在当前页显示页码。（ ）

21. 通过插入分栏符，用户可以对还未填满一页的文本进行强制性分页。（ ）

22. 在编辑页眉页脚时，可同时编辑正文。（ ）

23. 在Word 2010中，用户可以对自己所建立的公式进行修改。（ ）

24. 在“打印”界面中，用户可以进行“中止或暂停打印”的操作。（ ）

25. 在Word 2010中，页面设置是针对整个文档进行设置的。（ ）

26. 在Word 2010中，在大纲视图下不能显示页眉和页脚。（ ）

27. 在Word 2010中，文档默认的模板名为Doc。（ ）

28. 打印时，如果只打印第2、第6和第7页，应设置“页面范围”为“2、6、7”。（ ）

29. 打印预览时，打印机必须是已经开启的。（ ）

30. 通过按下【Ctrl+F2】组合键既可以打开也可以关闭打印预览状态。（ ）

## 四、操作题

1. 打开“报到通知书.docx”文档，其操作如下。

（1）将文本插入点定位到标题文本处或选择标题文本，选择【开始】/【样式】组，单击“快速样式”列表框右侧的下拉按钮，在打开的列表框中选择“标题”选项，为其应用标题样式。

（2）选择所有正文文本，在“快速样式”列表框中选择“列出段落”选项，为正文文本应用该样式。

（3）选择“注意事项”栏下的两段文本，然后为其应用“明显参考”样式。

报到通知书.docx”文档效果如图 6.1 所示。

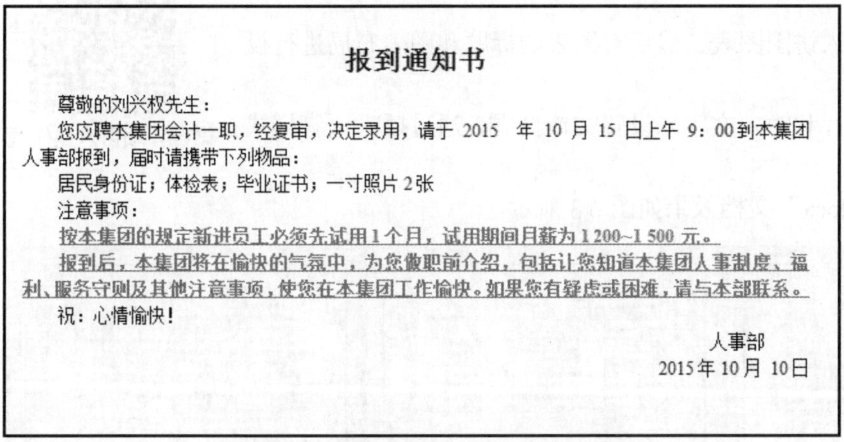
报到通知书

尊敬的刘兴权先生：

您应聘本集团会计一职，经复审，决定录用，请于 2015 年 10 月 15 日上午 9：00 到本集团人事部报到，届时请携带下列物品：

居民身份证；体检表；毕业证书；一寸照片 2 张

注意事项：

按本集团的规定新进员工必须先试用 1 个月，试用期间月薪为 1 200~1 500 元。

报到后，本集团将在愉快的气氛中，为您做职前介绍，包括让您知道本集团人事制度、福利、服务守则及其他注意事项，使您在本集团工作愉快。如果您有疑虑或困难，请与本部联系。

祝：心情愉快！

人事部

2015 年 10 月 10 日

微课：项目六操作题 1

图 6.1 “报到通知书.docx”文档效果

2. 在“推广方案.docx”文档中插入艺术字、SmartArt 图形以及表格，并对艺术字、SmartArt 图形以及表格的样式和颜色等进行设置，其操作如下。

（1）打开“推广方案.docx”文档，插入和编辑艺术字。

（2）添加、编辑和美化 SmartArt 图形。

（3）添加表格和输入表格内容。

（4）编辑和美化表格，完成后保存文档。

“推广方案.docx”文档效果如图 6.2 所示。

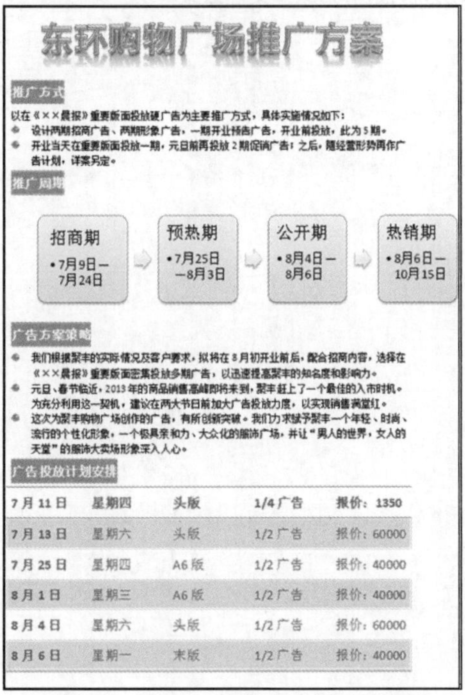
东环购物广场推广方案

推广方式

以在《××晨报》重要版面投放硬广告为主要推广方式，具体实施情况如下：

- 设计两期招商广告、两期形象广告，一期开业预告广告，开业前投放，此为 5 期。
- 开业当天在重要版面投放一期，元旦前再投放 2 期促销广告；之后，随经营形势再作广告计划，详案另定。

推广周期



广告方案策略

- 我们根据聚丰的实际情况及客户要求，拟将在 8 月初开业前后，配合招商内容，选择在《××晨报》重要版面密集投放多期广告，以迅速提高聚丰的知名度和影响力。
- 元旦、春节临近，2013 年的商品销售高峰即将来到，聚丰赶上了一个最佳的入市时机。为充分利用这一契机，建议在两大节日前加大广告投放力度，以实现销售满堂红。
- 这次为聚丰购物广场创作的广告，有所创新突破。我们力求赋予聚丰一个年轻、时尚、流行的个性化形象，一个极具亲和力、大众化的服饰广场，并让“男人的世界，女人的天堂”的服饰大卖场形象深入人心。

广告投放计划安排

| | | | | |
|---|---|---|---|---|
| 7 月 11 日 | 星期四 | 头版 | 1/4 广告 | 报价：1350 |
| 7 月 13 日 | 星期六 | 头版 | 1/2 广告 | 报价：60000 |
| 7 月 25 日 | 星期四 | A6 版 | 1/2 广告 | 报价：40000 |
| 8 月 1 日 | 星期三 | A6 版 | 1/2 广告 | 报价：40000 |
| 8 月 4 日 | 星期六 | 头版 | 1/2 广告 | 报价：60000 |
| 8 月 6 日 | 星期一 | 末版 | 1/2 广告 | 报价：40000 |

微课：项目六操作题 2

图 6.2 “推广方案.docx”文档效果

3. 对“市场分析报告.docx”文档进行设置并打印，其操作如下。

（1）打开“市场分析报告.docx”文档，通过创建和修改样式等操作设置文档格式。

（2）在文档中插入饼图图表，然后对图表的标题和图表布局进行设置。

（3）通过插入图片和输入文字来设置文档页眉，通过插入页脚样式来设置文档页脚。

微课：项目六操作题 3

“市场分析报告.docx”文档效果如图 6.3 所示。

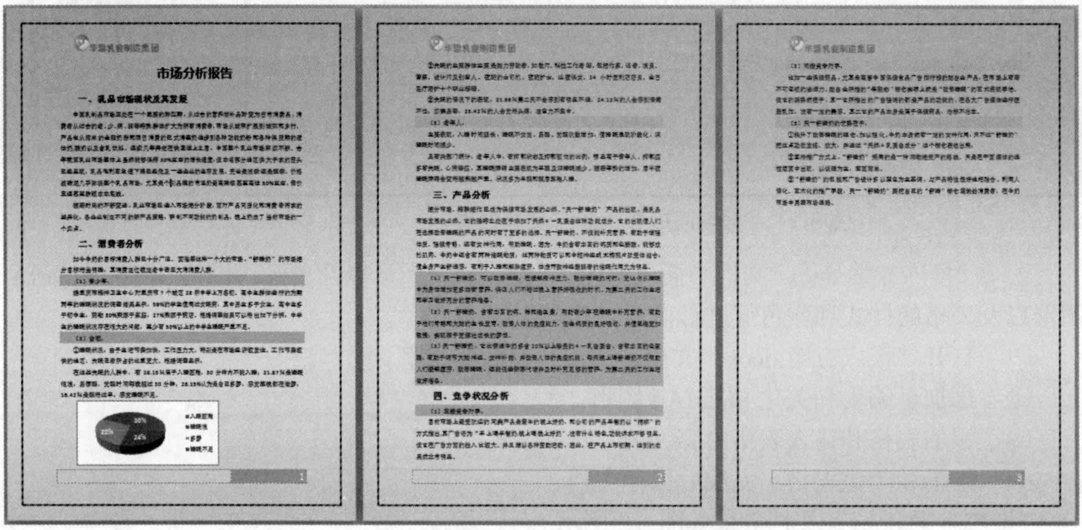


图 6.3　“市场分析报告.docx”文档效果

# 项目七　Excel 2010 基本操作

## 一、单选题

1．Excel 的主要功能是（　　）。
A．表格处理、文字处理、文件管理
B．表格处理、网络通信、图形处理
C．表格处理、数据库处理、图形处理
D．表格处理、数据处理、网络通信

2．Excel 是一种常用的（　　）软件。
A．文字处理　　B．电子表格　　C．打印印刷　　D．办公应用

3．Excel 2010 工作簿文件的扩展名为（　　）。
A．.xlsx　　B．.docx　　C．.pptx　　D．.xls

4．按（　　）可执行保存 Excel 工作簿的操作。
A．【Ctrl＋C】组合键　　B．【Ctrl＋E】组合键
C．【Ctrl＋S】组合键　　D．【Esc】键

5．在 Excel 中，Sheet1、Sheet2 等表示（　　）。
A．工作簿名　　B．工作表名　　C．文件名　　D．数据

6．在 Excel 中，组成电子表格最基本的单位是（　　）。
A．数字　　B．文本　　C．单元格　　D．公式

7．工作表是用行和列组成的表格，其行、列分别用（　　）表示。
A．数字和数字　　B．数字和字母
C．字母和字母　　D．字母和数字

8．工作表标签显示的内容是（　　）。
A．工作表的大小　　B．工作表的属性
C．工作表的内容　　D．工作表名称

9．在 Excel 中存储和处理数据的文件是（　　）。
A．工作簿　　B．工作表　　C．单元格　　D．活动单元格

10．在 Excel 中打开“打开”对话框，可按组合键（　　）。
A．【Ctrl+N】　　B．【Ctrl+S】　　C．【Ctrl+O】　　D．【Ctrl+Z】

11．一个 Excel 工作簿中含有（　　）个默认工作表。
A．1　　B．3　　C．16　　D．256

12．Excel 文档包括（　　）。
A．工作表　　B．工作簿　　C．编辑区域　　D．以上都是

13．下列关于工作表的描述，正确的是（　　）。
A．工作表主要用于存取数据
B．工作表的名称显示在工作簿顶部

C．工作表无法修改名称

D．工作表的默认名称为“Sheet1，Sheet2...”

14．Excel 中第二列第三行单元格使用标号表示为（　）。

A．C2　　B．B3　　C．C3　　D．B2

15．在 Excel 工作表中，按钮的功能为（　）。

A．复制文字　　B．复制格式

C．重复打开文件　　D．删除当前所选内容

16．在 Excel 工作表中，如果要同时选取若干个连续的单元格，则可以（　）。

A．按住【Shift】键，依次单击所选单元格

B．按住【Ctrl】键，依次单击所选单元格

C．按住【Alt】键，依次单击所选单元格

D．按住【Tab】键，依次单击所选单元格

17．在默认情况下，Excel 工作表中的数据呈白底黑字显示。为了使工作表更加美观，可以为工作表填充颜色，此时一般可通过（　）进行操作。

A.【页面布局】/【背景设置】组

B.【页面布局】/【主题】组

C.【页面布局】/【页面设置】组

D.【页面布局】/【排列】组

18．快速新建新的工作簿，可按组合键（　）。

A.【Shift+O】　　B.【Ctrl+O】　　C.【Ctrl+N】　　D.【Alt+O】

19. 在 Excel 中，将 A1 单元格的数字格式设定为整数，当输入“11.15”时，显示为（　）。

A．11.11　　B．11　　C．12　　D．11.2

20．当输入的数据位数太长，一个单元格放不下时，数据将自动改为（　）。

A．科学记数　　B．文本数据　　C．备注类型　　D．特殊数据

21．在 Excel 2010 中，输入“(2)”，单元格将显示（　）。

A.（2）　　B．2　　C．−2　　D．0、2

22．在默认状态下，单元格中数字的对齐方式是（　）。

A．左对齐　　B．右对齐　　C．居中　　D．两边对齐

23．Excel 中默认的单元格宽度是（　）。

A．9.38　　B．8.38　　C．7.38　　D．6.38

24．在 Excel 中，单元格中的换行可以按（　）组合键。

A.【Ctrl+Enter】　　B.【Alt+Enter】

C.【Shift+Enter】　　D.【Enter】

25．在 Excel 中，不可以通过“清除”命令清除的是（　）。

A．表格批注　　B．拼写错误　　C．表格内容　　D．表格样式

26．在 Excel 中，先选择 A1 单元格，然后按住【Shift】键，并单击 B4 单元格，此时所选单元格区域为（　）。

A．A1:B4　　B．A1:B5　　C．B1:C4　　D．B1:C5

27．将所选的多列单元格按指定数字调整为等列宽的最快捷的方法为（　）。

A．直接在列标处拖动到等列宽

B．选择多列单元格拖动

C．选择【开始】/【单元格】/【格式】/【列】/【列宽】命令

D．选择【开始】/【单元格】/【格式】/【列】/【最合适列宽】命令

28．在 Excel 中，删除单元格与清除单元格的操作（ ）。

A．不一样 B．一样 C．不确定 D．确定

29. 在输入邮政编码、电话号码和产品代号等文本时，只要在输入时加上一个（ ），Excel 就会把该数字作为文本处理，使其沿单元格左边对齐。

A．双撇号 B．单撇号 C．分号 D．逗号

30．在单元格中输入公式时，完成输入后单击编辑栏上的✔按钮，该操作表示（ ）。

A．取消 B．确认 C．函数向导 D．拼写检查

31．在 Excel 中的，编辑栏中的✖按钮相当于（ ）键。

A．【Enter】 B．【Esc】 C．【Tab】 D．【Alt】

32．当 Excel 单元格中的数值长度超出单元格长度时，将显示为（ ）。

A．普通计数法 B．分数计数法

C．科学计数法 D．########

33．在编辑工作表时，隐藏的行或列在打印时将（ ）。

A．被打印出来 B．不被打印出来

C．不确定 D．以上都不正确

34．在 Excel 2010 中移动或复制公式单元格时，以下说法正确的是（ ）。

A．公式中的绝对地址和相对地址都不变

B．公式中的绝对地址和相对地址都会自动调整

C．公式中的绝对地址不变，相对地址自动调整

D．公式中的绝对地址自动调整，相对地址不变

35．下列属于 Excel 2010 提供的主题样式的是（ ）。

A．字体 B．颜色 C．效果 D．以上都正确

36．Excel 2010 图表中的水平 $x$ 轴通常用来作为（ ）。

A．排序轴 B．分类轴 C．数值轴 D．时间轴

37．对数据表进行自动筛选后，所选数据表的每个字段名旁都对应着一个（ ）。

A．下拉按钮 B．对话框 C．窗口 D．工具栏

38．在对数据进行分类汇总之前，必须先对数据（ ）。

A．按分类汇总的字段排序，使相同的数据集中在一起

B．自动筛选

C．按任何一字段排序

D．格式化

39．在单元格中计算“2789+12345”的和时，应该输入（ ）。

A．“2789+12345” B．“=2789+12345”

C．“278912345” D．“2789，1234”

40. 在 Excel 2010 中，除了可以直接在单元格中输入函数外，还可以单击编辑栏上的（ ）按钮来输入函数。

A．“Σ” B．“fx” C．“SUM” D．“查找与引用”

41．单元格引用随公式所在单元格位置的变化而变化，这属于（　）。

A．相对引用　　B．绝对引用　　C．混合引用　　D．直接引用

42．在下列选项中，不属于 Excel 视图模式的是（　）。

A．普通视图　　B．页面布局视图

C．分页预览视图　　D．演示视图

43．Excel 日期格式默认为“年/月/日”，若要将日期格式改为“×年×月×日”，可通过选择（　）功能组，打开“设置单元格格式”对话框进行选择。

A.【开始】/【数字】　　B.【开始】/【样式】

C.【开始】/【编辑】　　D.【开始】/【单元格】

44．在下列操作中，可以在选定的单元格区域中输入相同数据的是（　）。

A．在输入数据后按【Ctrl+空格】键

B．在输入数据后按 Enter 键

C．在输入数据后按【Ctrl+Enter】键

D．在输入数据后按【Shift+Enter】键

45．如果要在 B2:B11 区域中输入数字序号 1、2、3、…、10，可先在 B2 单元格中输入数字 1，再选择单元格 B2，按住（　）键不放，用鼠标拖动填充柄至 B11。

A.【Alt】　　B.【Ctrl】　　C.【Shift】　　D.【Insert】

46．合并单元格是指将选定的连续单元区域合并为（　）。

A．1 个单元格　　B．1 行 2 列　　C．2 行 2 列　　D．任意行和列

47．如果将选定单元格（或区域）的内容消除，单元格依然保留，称为（　）。

A．重写　　B．删除　　C．改变　　D．清除

48．为所选单元格区域快速套用表格样式，应通过（　）。

A．选择【开始】/【编辑】组

B．选择【开始】/【样式】组

C．选择【开始】/【单元格】组

D．选择【页面布局】/【页面样式】组

49．在 Excel 中插入超链接时，下列方法错误的是（　）。

A．可以通过现有文件或网页插入超链接

B．可以使其链接到当前文档中的任意位置

C．可以插入电子邮件

D．可以插入本地任意文件

50．工作表被保护后，该工作表中的单元格的内容、格式（　）。

A．可以修改　　B．不可修改、删除

C．可以被复制、填充　　D．可移动

51．工作表 Sheet1、Sheet2 均设置了打印区域，当前工作表为 Sheet1，执行【文件】/【打印】命令后，在默认状态下将打印（　）。

A．Sheet1 中的打印区域

B．Sheet1 中输入数据的区域和设置格式的区域

C．在同一页打印 Sheet1、Sheet2 中的打印区域

D．在不同页打印 Sheet1、Sheet2 中的打印区域

52. 在编辑工作表时，将第 3 行隐藏起来，编辑后打印该工作表时，对第 3 行的处理为（　）。

A. 打印第 3 行　　B. 不打印第 3 行
C. 不确定　　D. 都不对

## 二、多选题

1. 关于电子表格的基本概念，正确的是（　）。
A. 工作簿是 Excel 中存储和处理数据的文件
B. 工作表是存储和处理数据的工作单位
C. 单元格是存储和处理数据的基本编辑单位
D. 活动单元格是已输入数据的单元格

2. 在对下列内容进行粘贴操作时，一定要使用选择性粘贴的是（　）。
A. 公式　　B. 文字　　C. 格式　　D. 数字

3. 以下关于 Excel 的叙述中，错误的是（　）。
A. Excel 将工作簿的每一张工作表分别作为一个文件来保存
B. Excel 允许同时打开多个工作簿进行文件处理
C. Excel 的图表必须与生成该图表的有关数据处于同一张工作表中
D. Excel 工作表的名称由文件名决定

4. 下列选项中，可以新建工作簿的操作为（　）。
A. 选择【文件】/【新建】菜单命令
B. 单击快速访问工具栏的“新建”按钮
C. 使用模板方式
D. 选择【文件】/【打开】菜单命令

5. 在工作簿的单元格中，可输入的内容包括（　）。
A. 字符　　B. 中文　　C. 数字　　D. 公式

6. Excel 的自动填充功能，可以自动填充（　）。
A. 数字　　B. 公式　　C. 日期　　D. 文本

7. Excel 中的公式可以使用的运算符有（　）。
A. 数学运算　　B. 文字运算　　C. 比较运算　　D. 逻辑运算

8. 修改单元格中数据的正确方法有（　）。
A. 在编辑栏中修改　　B. 使用“开始”功能区按钮
C. 复制和粘贴　　D. 在单元格中修改

9. 在 Excel 中，复制单元格格式可采用（　）。
A. 链接　　B. 复制＋粘贴
C. 复制＋选择性粘贴　　D. 格式刷

10. 下列选项中，可以成功完成退出 Excel 的操作的是（　）。
A. 双击 Excel 系统菜单图标　　B. 选择【文件】/【关闭】命令
C. 选择【文件】/【退出】命令　　D. 单击 Excel 系统菜单图标

11. 在 Excel 中，使用填充功能可以实现（　）填充。
A. 等差数列　　B. 等比数列　　C. 多项式　　D. 方程组

12. 下列选项中，可以通过“快速访问工具栏”中的“撤销”按钮恢复的操作包括（　）。

A．插入工作表　　B．删除工作表

C．删除单元格　　D．插入单元格

三、判断题

1．在启动Excel后，默认的工作簿名为“工作簿1”。（　）

2．在Excel中，不可以同时打开多个工作簿。（　）

3．在Excel工作簿中，工作表最多可设置16个。（　）

4．在同一个工作簿中，可以为不同工作表设置相同的名称。（　）

5．Excel中的工作表可以重新命名。（　）

6．在Excel中修改当前活动单元格中的数据时，可通过编辑栏进行修改。（　）

7．在Excel中拆分单元格时，像Word一样，不但可以将合并后的单元格还原，还可以插入多行多列。（　）

8．所谓的“活动单元格”是指正在操作的单元格。（　）

9. 在Excel中，表示一个数据区域，如表示A3单元格到E6单元格，其表示方法为“A3:E6”。（　）

10．在Excel中，“移动或复制工作表”命令只能将选定的工作表移动或复制到同一工作簿的不同位置。（　）

11．对于选定的区域，若要一次性输入同样的数据或公式，在该区域中输入数据公式，按【Ctrl+Enter】组合键，即可完成操作。（　）

12．清除单元格是指删除该单元格。（　）

13．在Excel中，隐藏是指单元格被用户锁定且看不到单元格的内容，但内容还在。（　）

14．在Excel中的清除操作是将单元格的内容删除，包括其所在的地址。（　）

15．在Excel中的删除操作只是将单元格的内容删除，而单元格本身仍然存在。（　）

16．在Excel中，如果要在工作表的第D列和第E列中间插入一列，先选中第D列的某个单元格，然后再进行相关操作。（　）

17．Excel允许用户将工作表在一个或多个工作簿中移动或复制，但要在不同的工作簿之间移动工作表，这两个工作簿必须是打开的。（　）

18．在Excel中，在对一张工作表进行页面设置后，该设置对所有工作表都起作用。（　）

19．在Excel中，单元格可用来存储文字、公式、函数和逻辑值等数据。（　）

20．Excel可根据用户在单元格内输入字符串的第一个字符来判定该字符串为数值或字符。（　）

21．在Excel单元格中输入3/5，表示数值五分之三。（　）

22．在Excel单元格中输入4/5，其输入方法为“0 4/5”。（　）

23．在Excel中不可以建立日期序列。（　）

24．Excel中的有效数据是指用户可以预先设置某一单元格允许输入的数据类型和范围，并可以设置提示信息。（　）

25．在Excel中，可以根据需要为表格添加边框线，并设置边框的线型和粗细。（　）

26．Excel规定同一工作表中所有的名字是唯一的。（　）

27．在 Excel 中选定不连续区域时要按住【Shift】键，选择连续区域时要按住【Ctrl】键。（　）

28．Excel 规定不同工作簿中的工作表名字不能重复。（　）

29．在 Excel 中要删除工作表，首先需选择工作表，然后选择【开始】/【编辑】组中的“清除”按钮。（　）

30．在 Excel 工作簿中可以对工作表进行移动。（　）

31．“A”工作簿中的工作表可以复制到“B”工作簿中。（　）

32．在 Excel 中选择单元格区域时不能超出当前屏幕范围。（　）

33．Excel 中的清除操作是将单元格的内容清除，包括所在地址。（　）

34．Excel 中删除行（或列），则后面的行（或列）可以依次向上（或向左）移动。（　）

35．在 Excel 中插入单元格后，现有的单元格位置不会发生变化。（　）

36．在 Excel 中自动填充是根据初始值决定其填充内容的。（　）

37．直接用鼠标单击工作表标签即可选择该工作表。（　）

38．在工作表上单击该行的列标即可选择该行。（　）

39．为了使单元格区域更加美观，可以为单元格设置边框或底纹。（　）

40．单元格数据的对齐方式有横向对齐和纵向对齐两种。（　）

## 四、操作题

1．“员工信息”工作表内容如图 7.1 所示，按以下要求进行操作。

| 2 | 员工编号 | 姓名 | 性别 | 部门 | 职务 | 联系电话 |
|---|---|---|---|---|---|---|
| 3 | 20014001 | 黄飞龙 | 男 | 销售部 | 业务员 | 1342569**** |
| 4 | | 李梅 | 女 | 财务部 | 会计 | 1390246**** |
| 5 | | 张广仁 | 男 | 销售部 | 业务员 | 1350570**** |
| 6 | | 王璐璐 | 女 | 销售部 | 业务员 | 1365410**** |
| 7 | | 张静 | 女 | 设计部 | 设计师 | 1392020**** |
| 8 | | 赵巧 | 女 | 设计部 | 设计师 | 1385615**** |
| 9 | | 李杰 | 男 | 销售部 | 业务员 | 1376767**** |
| 10 | | 张全 | 男 | 财务部 | 会计 | 1394170**** |
| 11 | | 徐飞 | 男 | 销售部 | 业务员 | 1592745**** |
| 12 | | 于能 | 男 | 财务部 | 会计 | 1374108**** |
| 13 | | 张亚明 | 男 | 设计部 | 普通员工 | 1593376**** |
| 14 | | 周华 | 男 | 销售部 | 业务员 | 1332341**** |
| 15 | | 李洁 | 女 | 策划部 | 普通员工 | 1351514**** |
| 16 | | 王红霞 | 女 | 设计部 | 普通员工 | 1342676**** |
| 17 | | 周莉莉 | 女 | 财务部 | 会计 | 1391098**** |
| 18 | | 张家徽 | 男 | 销售部 | 业务员 | 1342569**** |
| 19 | | 李菲菲 | 女 | 财务部 | 会计 | 1390246**** |

图 7.1　“员工信息”工作表

微课：项目七操作题 1

（1）为 A4:A19 区域自动填充编号。

（2）为 A2:F19 单元格区域快速应用“表样式浅色 8”表格样式。

（3）将所有文本和数据的对齐方式设置为“居中对齐”。

（4）将工作表名称更改为“员工信息”。

（5）将工作簿标记为最终状态。

（6）将 A2:F19 单元格区域的列宽调整为“10”。

（7）保存工作簿。

2．“部门工资表”工作簿的内容如图 7.2 所示，按以下要求进行操作。

（1）将“Sheet1”工作表中的内容复制到“Sheet2”工作表中，并将“Sheet2”工作表的名称更改为“1 月工资表”。

（2）依次在“1 月工资表”中填写“基本工资”“提成”“奖/惩”“实得工资”等数据。

（3）将“基本工资”“提成”“奖/惩”“实得工资”等数据的数字格式更改为“会计专用”。

（4）将 A3:G13 单元格区域的列宽调整为“15”。

（5）将“学号”“姓名”“职务”的对齐方式设置为“居中对齐”，将 A2:G2 单元格区域的对齐方式设置为“居中对齐”。

（6）将 A1:G1 单元格区域设置为“合并并居中”。

（7）保存工作簿。

| | A | B | C | D | E | F | G |
|---|---|---|---|---|---|---|---|
| 1 | 部门工资表 | | | | | | |
| 2 | 学号 | 姓名 | 职务 | 基本工资 | 提成 | 奖/惩 | 实得工资 |
| 3 | 20091249 | 胡倩 | 业务员 | 800 | 400 | 100 | 1300 |
| 4 | 20091258 | 肖亮 | 业务员 | 800 | 700 | -50 | 1450 |
| 5 | 20091240 | 李志霞 | 经理 | 2000 | 3000 | 500 | 5500 |
| 6 | 20091231 | 谢明 | 文员 | 900 | 500 | 150 | 1550 |
| 7 | 20091256 | 徐江东 | 业务员 | 800 | 500 | 50 | 1350 |
| 8 | 20091234 | 罗兴 | 财务 | 1000 | 900 | 200 | 2100 |
| 9 | 20091247 | 罗维维 | 业务员 | 800 | 800 | 100 | 1700 |
| 10 | 20091233 | 屈燕 | 业务员 | 800 | 900 | 200 | 1900 |
| 11 | 20091250 | 尹惠 | 文员 | 900 | 500 | 100 | 1500 |
| 12 | 20091251 | 向东 | 财务 | 1000 | 1200 | 100 | 2300 |
| 13 | 20091252 | 秦万怀 | 业务员 | 800 | 900 | 0 | 1700 |
| 14 | | | | | | | |

Sheet1 Sheet2 Sheet3

图 7.2 “部门工资表”工作簿

微课：项目七操作题 2

# 项目八　计算和分析 Excel 数据

## 一、单选题

1．Excel 工作表中第 D 列第 4 行处的单元格，其绝对单元格名为（　）。

A．D4　　B．$D4　　C．$D$4　　D．D$4

2．在 Excel 工作表中，单元格 C4 中的公式为"＝A3+$C$5"，在第 3 行之前插入一行后，单元格 C5 中的公式为（　）。

A．"＝A4+$C$6"　　B．"=A4+$C35"

C．"=A3+$C$6"　　D．"＝A3+$C35"

3．下列 Excel 的表示中，属于相对引用的是（　）。

A．$D$3　　B．$D3　　C．D$3　　D．D3

4．（　）公式时，公式中引用的单元格是不会随着目标单元格与原单元格相对位置的不同而发生变化的。

A．移动　　B．复制　　C．修改　　D．删除

5．常用工具栏上Σ按钮的作用是（　）。

A．自动求和　　B．求均值　　C．升序　　D．降序

6．如果要在 G2 单元格得到 B2 单元格到 F2 单元格的数值和，应在 G2 单元格中输入（　）。

A．"＝SUM（B2，F2）"　　B．"＝SUM（B2:F2）"

C．"SUM（B2，F2）"　　D．"SUM（B2:F2）"

7．在 Excel 工作表的公式中，"SUM（B3:C4）"的含义是（　）。

A．将 B3 与 C4 两个单元格中的数据求和

B．将从 B3 到 C4 的矩阵区域内所有单元格中的数据求和

C．将 B3 与 C4 两个单元格中的数据求平均值

D．将从 B3 到 C4 的矩阵区域内所有单元格中的数据求平均值

8．在 Excel 工作表的公式中，"AVERAGE（B3:C4）"的含义是（　）。

A．将 B3 与 C4 两个单元格中的数据求和

B．将从 B3 与 C4 的矩阵区域内所有单元格中的数据求和

C．将 B3 与 C4 两个单元格中的数据求平均值

D．将从 B3 到 C4 的矩阵区域内所有单元格中的数据求平均值

9．设单元格 A1:A4 的内容为 8、3、83、9，则公式"=MIN（A1:A4，2）"的返回值为（　）。

A．2　　B．3　　C．4　　D．83

10．函数 COUNT 的功能是（　）。

A．求和　　B．求均值　　C．求最大值　　D．求个数

11．Excel 中，一个完整的函数包括（　）。

A．"="和函数名　　B．函数名和变量

C．“=”和变量　　　　　　　D．“=”、函数名和变量

12．将单元格 L2 的公式“=SUM（C2:K3）”复制到单元格 L3 中，显示的公式是（　）。

A．“=SUM（C2:K2）”　　　　B．“=SUM（C3:K4）”

C．“=SUM（C2:K3）”　　　　D．“=SUM（C3:K2）”

13．当移动公式时，公式中的单元格的引用将（　）。

A．视情况而定　B．改变　C．不改变　D．不存在了

14．在 Excel 工作表中，要统计一行数值的总和，可以用（　）函数。

A．COUNT　B．AVERAGE　C．MAX　D．SUM

15．在 Excel 工作表中，求单元格 B5 ~ D12 中的最大值，用函数表示的公式为（　）。

A．“＝MIN（B5:D12）”　　　B．“＝MAX（B5:D12）”

C．“＝SUM（B5:D12）”　　　D．“＝SIN（B5:D12）”

16．G3 单元格的公式是“=E3*F3”，如将 G3 单元格中的公式复制到 G5，则 G5 中的公式为（　）。

A．“=E3*F3”　B．“=E5*F5”　C．“$E$5*$F$5”　D．“E5*F5”

17．删除工作表中与图表链接的数据时，图表将（　）。

A．被复制

B．必须编辑删除相应的数据点

C．不会发生变化

D．自动删除相应的数据点

18．在 Excel 中，图表是数据的一种图像表示形式，图表是动态的，改变了图表（　）后，Excel 会自动更改图表。

A．$x$ 轴数据　B．$y$ 轴数据　C．数据　D．表标题

19．若要修改图表背景色，可双击（　），在弹出的对话框中进行修改。

A．图表区　B．绘图区　C．分类轴　D．数值轴

20．若要修改 $y$ 轴刻度的最大值，可双击（　），在弹出的对话框中进行修改。

A．分类轴　B．数值轴　C．绘图区　D．图例

21．在 Excel 中，最适合反映单个数据在所有数据构成的总和中所占比例的一种图表类型是（　）。

A．散点图　B．折线图　C．柱形图　D．饼图

22．在 Excel 中，最适合反映数据的发展趋势的一种图表类型是（　）。

A．散点图　B．折线图　C．柱形图　D．饼图

23．假设有几组数据，要分析各组中每个数据在总数中所占的百分比，则应选择的图表类型为（　）。

A．饼型　B．圆环　C．雷达　D．柱型

24．（　）函数用于判断数据表中的某个数据是否满足指定条件。

A．SUM　B．IF　C．MAX　D．MIN

25．（　）函数用来返回某个数字在数字列表中的排位。

A．SUM　B．RANK　C．COUNT　D．AVERAGE

26．要在一张工作表中迅速地找出性别为“男”且总分大于 350 的所有记录，可在性别和总分字段后输入（　）。

A．男　>350　　B．"男"　>350

C．=男　>350　　D．="男"　>350

27．下列选项中，(　) 不能用于对数据表进行排序。

A．单击数据区中任一单元格，然后单击工具栏中的“升序”或“降序”按钮

B．选择要排序的数据区域，然后单击工具栏中的“升序”或“降序”按钮

C．选择要排序的数据区域，然后使用“编辑”栏中的“排序”命令

D．选择要排序的数据区域，然后使用“数据”栏中的“排序”命令

28．Excel 排序操作中，若想按姓名的拼音来排序，则在排序方法中选择（　）。

A．读音排序　　B．笔画排序

C．字母排序　　D．以上均错

29．以下各项中，对 Excel 中的筛选功能描述正确的是（　）。

A．按要求对工作表数据进行排序

B．隐藏符合条件的数据

C．只显示符合设定条件的数据，而隐藏其他

D．按要求对工作表数据进行分类

30．在 Excel 中打印学生成绩单时，对不及格的成绩用醒目的方式表示（如用红色表示等），当要处理大量的学生成绩时，利用（　）命令最为方便。

A．“查找”　　B．“条件格式”

C．“数据筛选”　　D．“定位”

31．关于分类汇总，叙述正确的是（　）。

A．分类汇总前首先应按分类字段值对记录排序

B．分类汇总只能按一个字段分类

C．只能对数值型字段进行汇总统计

D．汇总方式只能求和

32．对于 Excel 数据库，排序是按照（　）来进行的。

A．记录　　B．工作表　　C．字段　　D．单元格

33．下列选项中，关于表格排序的说法错误的是（　）。

A．拼音不能作为排序的依据　　B．排序规则有递增和递减

C．可按日期进行排序　　D．可按数字进行排序

34．以下主要显示数据变化趋势的图是（　）。

A．柱形图　　B．圆锥图　　C．折线图　　D．饼图

35．图表中包含数据系列的区域称为（　）。

A．绘图区　　B．图表区　　C．标题区　　D．状态区

36．用 Delete 键不能直接删除（　）。

A．嵌入式图表　　B．独立图表　　C．饼图　　D．折线图

37．(　) 函数是返回表或区域中的值或对值的引用。

A．INDEX　　B．RANK　　C．COUNT　　D．AVERAGE

38．(　) 可以快速汇总大量的数据，同时对汇总结果进行各种筛选以查看源数据的不同统计结果。

A．数据透视表　　　　B．SmartArt 图形
C．图表　　　　　　　D．表格

39．在排序时，将工作表的第一行设置为标题行，若选择标题行一起参与排序，则排序后标题行（　）。

A．总出现在第一行
B．总出现在最后一行
C．按照指定的排列顺序而定其出现位置
D．总不显示

40．在 Excel 数据清单中，按某一字段内容进行归类，并对每一类做出统计的操作是(　)。

A．排序　　B．分类汇总　　C．筛选　　D．记录处理

## 二、多选题

1．下列关于 Excel 图表的说法，正确的是（　）。

A．图表与生成的工作表数据相独立，不自动更新
B．图表类型一旦确定，生成后不能再更新
C．图表选项可以在创建时设定，也可以在创建后修改
D．图表可以作为对象插入，也可以作为新工作表插入

2．数据排序主要可分为（　）。

A．直接筛选　　B．自动筛选　　C．高级筛选　　D．自定义筛选

3．下列属于常见图表类型的是（　）。

A．柱形图　　B．环状图　　C．条形图　　D．折线图

4．Excel 中可以导入数据的类型有（　）。

A．Access　　B．Web　　C．Excel　　D．文本文件

5．下列选项中，属于 Excel 二维图表类型的有（　）。

A．XY 散点图　　B．面积图　　C．网状图　　D．柱形图

6．下列选项中，属于 Excel 标准类型图表的有（　）。

A．折线图　　B．对数图　　C．管状图　　D．柱形图

7．在 Excel 中，数据透视表中拖动字段主要有 4 个区域，分别是（　）。

A．行标签区域　　　　B．筛选区域
C．列标签区域　　　　D．数值区域

8．对工作表窗口冻结分为（　）。

A．简单　　B．条件　　C．水平　　D．垂直

9．下列选项中，属于数据透视表的数据来源的有（　）。

A．Excel 数据清单或数据库
B．外部数据库
C．多重合并计算数据区域
D．查询条件

10．在 Excel 的数据清单中进行排序操作时，当以“姓名”字段作为关键字进行排序时，系统将按“姓名”的（　）为序重排数据。

A．拼音字母　　B．部首偏旁　　C．输入码　　D．笔画

三、判断题

1．Excel 中，公式的移动和复制是有区别的，移动时公式中单元格的引用将保持不变，复制时公式的引用会自动调整。（　）

2．在单元格中输入“=SUM（$A$1:$A$10）”或“=SUM（A1:A10）”，结果一样。（　）

3．Excel 规定在同一工作簿中不能引用其他表。（　）

4．图表建成以后，仍可以在图表中直接修改图表标题。（　）

5．一个数据透视表若以另一个数据透视表为数据源，则在作为源数据的数据透视表中创建的计算字段和计算项也将影响另一个数据透视表。（　）

6．数据透视图跟数据透视表一样，可以在图表上拖动字段名来改变其外观。（　）

7．在 Excel 中，在原始数据清单中的数据变更后，数据透视表的内容也随之更新。（　）

8．在 Excel 中创建的数据透视表和一般工作表一样，可在单元格中直接输入数据或变更其内容。（　）

9．对于已经建立好的图表，如果源工作表中数据项目（列）增加，则图表将自动增加新的项目。（　）

10．降序排序时序列中空白的单元格行将被放置在排序数据清单最后。（　）

11．Excel 中的记录单是将一条记录的数据信息按信息段分成几项，分别存储在同一行的几个单元格中，在同一列中分别存储有记录的相似信息段。（　）

12．在 Excel 中进行自动排序的操作时，当只选定表中的一列数据时，其他列数据不发生变化。（　）

13．数据清单的排序，既可以按行进行，也可以按列进行。（　）

14．使用 SUM 函数可以计算平均值。（　）

15．使用分类汇总之前，最好将数据排序，使同一字段值的记录集中在一起。（　）

16．在 Excel 中，数据筛选是指从数据清单中选取满足条件的数据，将所有不满足条件的数据行隐藏起来。（　）

17．AVERAGE 函数的功能是求最小值。（　）

18．清除单元格是指将单元格及其中的内容删除，单元格本身不存在了。（　）

19．PMT 函数的功能是基于固定利率及等额分期付款方式，返回贷款的每期付款额。（　）

20．MIN 函数的语法结构为（Value1，Value2，...）。（　）

21．在 Excel 中，原始数据清单的数据发生变化，则数据透视表的内容也将随之更新。（　）

22．应用公式后，单元格中只能显示公式的计算结果。（　）

23．绝对引用是指把公式复制到新位置时，公式中的单元格地址固定不变，与包含公式的单元格位置无关。（　）

24．Excel 不但能计算数据，还可对数据进行排序、筛选和分类汇总等高级操作。（　）

25．在表格中进行数据计算可按列求和或按行求和。（　）

26．利用复杂的条件来筛选数据库时，必须使用“高级筛选”功能。（　）

27．可以利用自动填充功能对公式进行复制。（　）

28．在 Excel 中，对已经保存的图表数据不能进行修改。（ ）

29．利用 Excel 提供的排序功能可以根据一列或多列的内容按升序、降序或用户自定义的方式对数据进行排序。（ ）

30．输入公式时必须先输入“=”，然后再输入公式。（ ）

31．绝对地址引用在公式的复制过程中会随着单元格地址的变化而变化。（ ）

32．SUMIF 函数的功能是根据指定条件对若干单元格求和。（ ）

33．插入图表后，用户不能更改其图表类型。（ ）

34．进行分类汇总时，应先进行排序操作。（ ）

35．单列数据排序是指在工作表中以一列单元格中的数据为依据，对工作表中的所有数据进行排序。（ ）

36．如果使用绝对引用，则公式不会改变；如果使用相对引用，则公式会改变。（ ）

37．混合引用是指一个引用的单元格地址中既有绝对单元格地址，又有相对单元格地址。（ ）

38．在 Excel 中，单元格的引用为行号加上列标。（ ）

39．在 Excel 中，同一工作簿中的工作表不能相互引用。（ ）

40．“Sheet3!B5”是指“Sheet3”工作表中第 B 列第 5 行所指的单元格地址。（ ）

41．用 Excel 绘制的图表，其图表中图例文字的字样是可以改变的。（ ）

42．在 Excel 中使用公式是为了节省内存。（ ）

43．在 Excel 中创建图表，是指在工作表中插入一张图片。（ ）

44．在 Excel 中可以为图表添加标题。（ ）

45．Excel 图表的类型和大小可以改变。（ ）

46．Excel 公式一定会在单元格中显示出来。（ ）

47．在完成复制公式的操作后，系统会自动更新单元格的内容，但不计算结果。（ ）

48．迷你图虽然简洁美观，但不利于数据分析工作的展开。（ ）

49．迷你图无法使用【Delete】键删除，正确的删除方法是在迷你图工具的【设计】/【分组】组中单击“清除”按钮。（ ）

50．在 Excel 中，可以通过“筛选”命令按钮来筛选数据。（ ）

51．数据透视表的功能是做数据交叉分析表。（ ）

52．Excel 一般会自动选择求和范围，单用户也可自行选择求和范围。（ ）

53．在 Excel 中排序操作不仅适用于整个表格，而且对工作表中任意选定范围均适用。（ ）

54．分类汇总是按一个字段进行分类汇总，而数据透视表中的数据则适合按多个字段进行分类汇总。（ ）

55．对 Excel 中工作表的数据进行分类汇总，汇总选项可有多个。（ ）

56．PMT 函数语法结构为 SUM（rate，nper，pv，fv，type），nper 为贷款利率；rate 为该项贷款的付款总数；pv 为现值。（ ）

57．在 Excel 中完成图表的创建后，其标题的字体和样式不可更改。（ ）

58．在 Excel 中，Count 函数为默认函数。（ ）

59．在 Excel 的单元格引用中，如果单元格地址不会随位移的方向和大小的改变而改变，则该引用为相对引用。（ ）

## 四、操作题

1．“日常费用统计表.xlsx”工作簿的内容如图 8.1 所示，按以下要求进行操作。

（1）启动 Excel 2010，打开提供的“日常费用统计表.xlsx”，删除 E2:E17 单元格区域。

（2）为 C3:D17 数据区域制作图表，将图表类型设置为饼图。

（3）对“金额”列进行降序排序查看。

（4）使用“自动筛选”工具，筛选表中大于 5 000 的金额记录，并查看图表的变化。

（5）将工作簿另存为“日常费用记录表.xlsx”。

| | A | B | C | D | E | F |
|---|---|---|---|---|---|---|
| 1 | 日常费用记录表 | | | | | |
| 2 | 日期 | 费用项目 | 说明 | 金额（元） | | |
| 3 | 2013/11/3 | 办公费 | 购买打印纸、订书针 | ¥ 100.00 | | |
| 4 | 2013/11/3 | 招待费 | | ¥ 3,500.00 | | |
| 5 | 2013/11/6 | 运输费 | 运输材料 | ¥ 300.00 | | |
| 6 | 2013/11/7 | 办公费 | 购买电脑2台 | ¥ 9,000.00 | | |
| 7 | 2013/11/8 | 运输费 | 为郊区客户送货 | ¥ 500.00 | | |
| 8 | 2013/11/10 | 交通费 | 出差 | ¥ 600.00 | | |
| 9 | 2013/11/10 | 宣传费 | 制作宣传单 | ¥ 520.00 | | |
| 10 | 2013/11/12 | 办公费 | 购买饮水机1台 | ¥ 420.00 | | |
| 11 | 2013/11/16 | 宣传费 | 制作灯箱布 | ¥ 600.00 | | |
| 12 | 2013/11/18 | 运输费 | 运输材料 | ¥ 200.00 | | |
| 13 | 2013/11/19 | 交通费 | 出差 | ¥ 680.00 | | |
| 14 | 2013/11/22 | 办公费 | 购买文件夹、签字笔 | ¥ 50.00 | | |
| 15 | 2013/11/22 | 招待费 | | ¥ 2,000.00 | | |
| 16 | 2013/11/25 | 交通费 | 出差 | ¥ 1,800.00 | | |
| 17 | 2013/11/28 | 宣传费 | 制作宣传册 | ¥ 850.00 | | |

日常费用记录表 / 日常费用统计表 / Sheet3

图 8.1 “日常费用统计表.xlsx”工作簿

微课：项目八操作题 1

2．“员工工资表.xlsx”工作簿的内容如图 8.2 所示，按以下要求进行操作。

（1）使用自动求和公式计算“工资汇总”列的数值，其数值等于基本工资+绩效工资+提成+工龄工资。

（2）对表格进行美化，设置其对齐方式为“居中对齐”。

（3）将基本工资、绩效工资、提成、工龄工资和工资汇总的数据格式设置为会计专用。

（4）使用降序排列的方式对工资汇总进行排序，并将大于 4 000 的数据设置为红色。

| | A | B | C | D | E | F |
|---|---|---|---|---|---|---|
| 1 | 员工6月份工资统计表 | | | | | |
| 2 | 姓名 | 基本工资（元） | 绩效工资（元） | 提成（元） | 工龄工资（元） | 工资汇总（元） |
| 3 | 张晓霞 | 1252.8 | 1368 | 1238.4 | 921.6 | |
| 4 | 杨茂 | 1123.2 | 820.8 | 734.4 | 936 | |
| 5 | 郭晓诗 | 979.2 | 907.2 | 1310.4 | 1324.8 | |
| 6 | 黄寒冰 | 763.2 | 1036.8 | 892.8 | 921.6 | |
| 7 | 张红丽 | 1339.2 | 1310.4 | 1296 | 1281.6 | |
| 8 | 李珊 | 763.2 | 907.2 | 792 | 1252.8 | |
| 9 | 刘金华 | 763.2 | 979.2 | 1310.4 | 720 | |
| 10 | 刘瑾 | 806.4 | 921.6 | 1425.6 | 878.4 | |
| 11 | 张跃进 | 1108.8 | 777.6 | 1094.4 | 892.8 | |
| 12 | 石磊 | 1296 | 892.8 | 936 | 748.8 | |
| 13 | 张军军 | 936 | 835.2 | 1310.4 | 1195.2 | |
| 14 | 王浩 | 1008 | 907.2 | 1353.6 | 1180.8 | |
| 15 | 彭念念 | 1008 | 734.4 | 734.4 | 1123.2 | |
| 16 | 黄益达 | 1000.5 | 1100.5 | 984.2 | 720.2 | |
| 17 | 景佳人 | 980.2 | 994.2 | 1320.2 | 1540.2 | |
| 18 | 韩素 | 1430 | 1560.2 | 1654.5 | 1260.2 | |

Sheet1 / Sheet2 / Sheet3

图 8.2 “员工工资表.xlsx”工作簿

微课：项目八操作题 2

3．“产品销售测评表.xlsx”工作簿的内容如图 8.3 所示，按以下要求进行操作。

（1）筛选“月营业总额”小于 450 的销售记录，填充为浅蓝色。

（2）筛选“月营业总额”大于 450、小于 500 的销售记录，将其填充为紫色。

（3）筛选“月营业总额”大于 500 的销售记录，填充为绿色。

（4）将“月平均营业额”由低到高进行排序。

| 上半年产品销售测评表 | | | | | | | | | |
|---|---|---|---|---|---|---|---|---|---|
| 姓名 | 营业额（万元） | | | | | | 月营业总额 | 月平均营业额 | 名次 |
| | 一月 | 二月 | 三月 | 四月 | 五月 | 六月 | | | |
| A店 | 95 | 85 | 85 | 90 | 89 | 84 | 528 | 88 | |
| B店 | 92 | 84 | 85 | 85 | 88 | 90 | 524 | 87 | |
| D店 | 85 | 88 | 87 | 84 | 84 | 83 | 511 | 85 | |
| E店 | 80 | 82 | 86 | 88 | 81 | 80 | 497 | 83 | |
| F店 | 87 | 89 | 86 | 84 | 83 | 88 | 517 | 86 | |
| G店 | 86 | 84 | 85 | 81 | 80 | 82 | 498 | 83 | |
| H店 | 71 | 73 | 69 | 74 | 69 | 77 | 433 | 72 | |
| I店 | 69 | 74 | 76 | 72 | 76 | 65 | 432 | 72 | |
| J店 | 76 | 72 | 72 | 77 | 72 | 80 | 449 | 75 | |
| K店 | 72 | 77 | 80 | 82 | 86 | 88 | 485 | 81 | |
| L店 | 88 | 70 | 80 | 79 | 77 | 75 | 469 | 78 | |
| M店 | 74 | 65 | 78 | 77 | 68 | 73 | 435 | 73 | |

产品销售测评表

图 8.3　“产品销售测评表.xlsx”工作簿

微课：项目八操作题 3

# 项目九 PowerPoint 2010 基本操作

## 一、单选题

1. 在 PowerPoint 中，演示文稿与幻灯片的关系是（　　）。

A．同一概念　　B．相互包含

C．演示文稿中包含幻灯片　　D．幻灯片中包含演示文稿

2. 使用 PowerPoint 制作幻灯片时，主要通过（　　）制作幻灯片。

A．状态栏　　B．幻灯片区

C．大纲区　　D．备注区

3. 在 PowerPoint 窗口中，如果同时打开两个 PowerPoint 演示文稿，会出现的情况是（　　）。

A．同时打开两个重叠的窗口

B．打开第一个时，第二个被关闭

C．当打开第一个时，第二个无法打开

D．执行非法操作，PowerPoint 将被关闭

4. PowerPoint 2010 演示稿的扩展名是（　　）。

A．.potx　　B．.pptx　　C．.docx　　D．.dotx

5. 在 PowerPoint 2010 的下列视图模式中，（　　）可以进行文本的输入。

A．普通视图、幻灯片浏览视图、大纲视图

B．大纲视图、备注页视图、幻灯片放映视图

C．普通视图、大纲视图、幻灯片放映视图

D．普通视图、大纲视图、备注页视图

6. 在幻灯片中插入的图片盖住了文字，可通过（　　）来调整这些叠放效果。

A．叠放次序命令　　B．设置

C．组合　　D．【格式】/【排列】组

7. 插入新幻灯片的方法是（　　）。

A．单击【开始】/【幻灯片】组中的“新幻灯片”按钮

B．按【Enter】键

C．按【Ctrl+M】组合键

D．以上方法均可

8. 启动 PowerPoint 后，可通过（　　）建立演示文稿文件。

A．在“文件”列表中选择“新建”命令

B．在自定义快速访问工具栏中单击“新建”命令

C．直接按【Ctrl+N】组合键

D．以上方法均可

9. 在大纲视图中，大纲由每张幻灯片的标题和（　　）组成。

A．段落　　B．提纲　　C．中心内容　　D．副标题

10. 在 PowerPoint 的幻灯片浏览视图中，不能完成的操作是（　）。

A. 调整个别幻灯片的位置　　B. 删除个别幻灯片

C. 编辑个别幻灯片的内容　　D. 复制个别幻灯片

11. 在 PowerPoint 普通视图下，操作区主要包括大纲编辑区、幻灯片编辑区、（　）和其他任务窗格 4 个部分。

A. 备注编辑区　　B. 动画预览区

C. 幻灯片浏览区　　D. 幻灯片放映区

12. 在下列操作中，不能删除幻灯片的操作是（　）。

A. 在“幻灯片”窗格中选择幻灯片，按【Delete】键

B. 在“幻灯片”窗格中选择幻灯片，按【BackSpace】键

C. 在“幻灯片”窗格中选择幻灯片，单击鼠标右键，在弹出的快捷菜单中选择“删除幻灯片”命令

D. 在“幻灯片”窗格中选择幻灯片，单击鼠标右键，选择“重设幻灯片”命令

13. 以下操作中，可以保存演示文稿文档的方法有（　）。

A. 在“文件”菜单中选择“保存”命令

B. 单击“保存”按钮

C. 按【Ctrl+S】组合键

D. 以上方法均可

14. 对演示文稿中的幻灯片进行操作，通常包括（　）。

A. 选择、插入、移动、复制和删除幻灯片

B. 选择、插入、移动和复制幻灯片

C. 选择、移动、复制和删除幻灯片

D. 复制、移动和删除幻灯片

15. 利用（　）可以方便地拖动幻灯片，改变次序，还可以为它们增加转换效果，改变放映方式。

A. 幻灯片视图　　B. 幻灯片放映视图

C. 大纲视图　　D. 幻灯片浏览视图

16. 在 PowerPoint 中，更改当前演示文稿的设计模板后，（　）。

A. 所有幻灯片均采用新模板

B. 只有当前幻灯片采用新模板

C. 所有的剪贴画均丢失

D. 除已加入的空白幻灯片外，所有的幻灯片均采用新模板

17. 下列视图模式中，不属于 PowerPoint 视图的是（　）。

A. 大纲视图　　B. 幻灯片视图

C. 幻灯片浏览视图　　D. 详细资料视图

18. 在调整幻灯片顺序时，通过（　）进行调整最为方便快捷。

A. 幻灯片视图　　B. 备注页视图

C. 幻灯片浏览视图　　D. 幻灯片放映视图

19. 在 PowerPoint 的各种视图中，侧重于编辑幻灯片的标题和文本信息的是（　）。

A. 普通视图　　B. 大纲视图

C．幻灯片视图　　　　D．幻灯片浏览视图

20．在 PowerPoint 的各种视图中，(　　) 更适合对幻灯片的内容进行编辑。

A．备注页视图　　　　B．浏览视图

C．幻灯片视图　　　　D．幻灯片放映视图

21．在 PowerPoint 的各种视图中，(　　) 可以同时浏览多张幻灯片，且更方便选择、添加、删除、移动幻灯片等操作。

A．备注页视图　　　　B．幻灯片浏览视图

C．幻灯片视图　　　　D．幻灯片放映视图

22．在 PowerPoint 的各种视图中，(　　) 模式上面是一张缩小的幻灯片，下面的方框中可以输入幻灯片的备注信息。

A．普通视图　　　　B．幻灯片浏览视图

C．幻灯片视图　　　　D．备注页

23．在 PowerPoint 的各种视图中，(　　) 可以在同一窗口中显示多张幻灯片。

A．大纲视图　　　　B．幻灯片浏览视图

C．备注页视图　　　　D．幻灯片视图

24．下列关于幻灯片的移动、复制和删除等操作，叙述错误的是（　　）。

A．在“幻灯片浏览”视图中最方便进行这些操作

B．“复制”命令只能在同一演示文稿中进行

C．“剪切”命令也可用于删除幻灯片

D．选择幻灯片后，按【Delete】键可以删除幻灯片

25．下列关于 PowerPoint 的说法，错误的是（　　）。

A．可以在幻灯片浏览视图中更改幻灯片上动画对象的出现顺序

B．可以在普通视图中设置动态显示文本和对象

C．可以在浏览视图中设置幻灯片的切换效果

D．可以在普通视图中设置幻灯片的切换效果

26．在 PowerPoint 的浏览视图中，按住【Ctrl】键拖动某张幻灯片，可以完成（　　）的操作。

A．移动幻灯片　　　　B．复制幻灯片

C．删除幻灯片　　　　D．选定幻灯片

27．在 PowerPoint 的浏览视图中，选择并拖动某张幻灯片，可以完成（　　）的操作。

A．移动幻灯片　　　　B．复制幻灯片

C．删除幻灯片　　　　D．选定幻灯片

28．下列有关选择幻灯片的操作，错误的是（　　）。

A．在浏览视图中单击幻灯片

B．如果要选择多张不连续的幻灯片，则在浏览视图中按【Ctrl】键并单击各张幻灯片

C．如果要选择多张连续的幻灯片，则在浏览视图中按【Shift】键并单击最后要选择的幻灯片

D．在幻灯片视图中，不可以选择多个幻灯片

29．关闭 PowerPoint 时，若不保存修改过的文档，则（　　）。

A．系统会发生崩溃

B．刚刚编辑过的内容将会丢失

C．PowerPoint 将无法正常启动

D．硬盘产生错误

30．下列操作中，关闭 PowerPoint 的正确操作是（　）。

A．关闭显示器

B．拔掉主机电源

C．按【Ctrl+Alt+Delete】组合键

D．单击 PowerPoint 标题栏右上角的关闭按钮

31．关于 PowerPoint 的视图模式，下列选项中说法正确的是（　）。

A．大纲视图是默认的视图模式

B．普通视图主要显示主要的文本信息

C．普通视图最适合编辑幻灯片

D．阅读视图用于查看幻灯片的播放效果

32．在 PowerPoint 中，如需在占位符中添加文本，其正确的操作是（　）。

A．单击标题占位符，将文本插入点置于占位符内

B．单击功能区中的“插入”按钮

C．单击“粘贴”命令插入文本

D．按“新建”按钮创建新的文本

33．在 PowerPoint 中，对占位符进行操作一般是在（　）中进行。

A．幻灯片区　　B．状态栏　　C．大纲区　　D．备注区

34．在 PowerPoint 中，如需通过“文本框”工具在幻灯片中添加竖排文本，则（　）。

A．默认的格式就是竖排

B．将文本格式设置为竖排排列

C．选择“文本框”栏的“横排文本框”命令

D．选择“文本框”栏的“垂直文本框”命令

35．在 PowerPoint 中，如需用文本框在幻灯片中添加文本，则应该在【插入】/【文本】组中单击（　）按钮。

A．“图片”　　B．“文本框”　　C．“文字”　　D．“表格”

36．在 PowerPoint 中为形状添加文本的方法为（　）。

A．在插入的图形上单击鼠标右键，在弹出的快捷菜单中选择“添加文本”命令

B．直接在图形上编辑

C．另存到图像编辑器中编辑

D．直接将文本粘贴在图形上

37．下列关于在幻灯片的占位符中添加文本的要求，说法正确的是（　）。

A．只要是文本形式就行　　B．文本中不能含有数字

C．文本中不能含有中文　　D．文本必须简短

38．下列有关选择幻灯片文本的叙述，错误的是（　）。

A．单击文本区，会显示文本控制点

B．选择文本时，可按住鼠标左键不放并进行拖动

C．文本选择成功后，所选文本会出现底纹，表示已选择

D．选择文本后，必须对文本进行后续操作

39．在 PowerPoint 中移动文本时，在两张幻灯片中进行移动操作，则（ ）。

A．操作系统进入死锁状态

B．文本无法复制

C．文本正常移动

D．两张幻灯片中的文本都会被移动

40．在 PowerPoint 中，如要将所选的文本存入剪贴板，则无法通过下列操作中的（ ）实现。

A．在【开始】/【剪贴板】组中单击“复制”按钮

B．选择右键快捷菜单中的“复制”命令

C．按【Ctrl+C】组合键

D．按【Ctrl+V】组合键

41．下列有关移动和复制文本的叙述，不正确的是（ ）。

A．在复制文本前，必须先选择

B．复制文本的快捷键是【Ctrl+C】组合键

C．文本的剪切和复制没有区别

D．能在多张幻灯片间进行复制文本的操作

42．在 PowerPoint 中进行粘贴操作时，可通过按（ ）组合键实现。

A．【Ctrl+C】 B．【Ctrl+P】 C．【Ctrl+X】 D．【Ctrl+V】

43．下列关于在 PowerPoint 中设置文本字体格式的叙述，正确的是（ ）。

A．字号的数值越小，字体就越大 B．字号是连续变化的

C．66 号字比 72 号字大 D．字号决定每种字体的大小

44．在 PowerPoint 中设置文本字体时，下列选项中，（ ）不属于字体列表中的默认常用选项。

A．“宋体” B．“黑体” C．“隶书” D．“草书”

45．下列关于设置文本段落格式的叙述，正确的是（ ）。

A．图形不能作为项目符号

B．设置文本的段落格式时，一般通过【格式】/【排列】组进行操作

C．行距可以是任意值

D．以上说法全都错误

46．在 PowerPoint 中设置文本的项目符号和编号时，可通过（ ）进行设置。

A．“字体”命令 B．单击“项目符号和编号”按钮

C．【开始】/【段落】组 D．行距

47．在 PowerPoint 中设置文本段落格式时，一般通过（ ）开始设置。

A．【开始】/【视图】组 B．【开始】/【插入】组

C．【开始】/【段落】组 D．【开始】/【格式】组

48．在 PowerPoint 中设置文本的行距时，一般通过（ ）进行设置。

A．“项目符号和编号”对话框 B．“字体”对话框

C．“段落”对话框 D．分行

49．在 PowerPoint 中创建表格时，一般在（ ）中进行操作。

A.【插入】/【图片】组　　　B.【插入】/【对象】组
C.【插入】/【表格】组　　　D.【插入】/【绘制表格】组

50. 下列关于在 PowerPoint 中插入图片的叙述，错误的是（　　）。
A. 在幻灯片任何视图中，都可以显示要插入图片的幻灯片
B. 在 PowerPoint 2010 中，也可以通过占位符插入图片
C. 插入图片的路径可以是本地图片路径，也可以是网络图片路径
D. 用户可以根据需要更改幻灯片中的图片大小和位置

二、多选题

1. 下列关于在 PowerPoint 中创建新幻灯片的叙述，正确的有（　　）。
A. 新幻灯片可以用多种方式创建
B. 新幻灯片只能通过幻灯片窗格来创建
C. 新幻灯片的输出类型可以根据需要来设置
D. 新幻灯片的输出类型固定不变

2. 下列关于在幻灯片占位符中插入文本的叙述，正确的有（　　）。
A. 插入的文本一般不加限制
B. 插入的文本文件有很多条件
C. 插入标题文本一般在状态栏中进行
D. 插入标题文本可以在大纲区中进行

3. 在 PowerPoint 幻灯片浏览视图中，可进行的操作有（　　）。
A. 复制幻灯片
B. 对幻灯片文本内容进行编辑修改
C. 设置幻灯片的切换效果
D. 设置幻灯片对象的动画效果

4. 下列操作中，会打开“另存为”对话框的有（　　）。
A. 打开某个演示文稿，修改后保存
B. 建立演示文稿的副本，以不同的文件名保存
C. 第一次保存演示文稿
D. 将演示文稿保存为其他格式的文件

5. 为了便于编辑和调试演示文稿，PowerPoint 提供了多种视图方式，这些视图方式包括（　　）。
A. 普通视图　　　B. 幻灯片浏览视图
C. 幻灯片放映视图　　　D. 备注页视图

6. 在 PowerPoint 的幻灯片浏览视图中，可进行（　　）操作。
A. 复制幻灯片
B. 删除幻灯片
C. 幻灯片文本内容的编辑修改
D. 重排演示文稿所有幻灯片的次序

7. 下列关于在 PowerPoint 中选择文本的说法，正确的有（　　）。
A. 文本选择完毕，所选文本会出现底纹
B. 文本选择完毕，所选文本会变成闪烁

C．单击文本区，会显示文本插入点

D．单击文本区，文本框会变成闪烁效果

8．下列有关移动和复制文本的叙述，正确的有（ ）。

A．剪切文本的快捷键是【Ctrl+P】组合键

B．复制文本的快捷键是【Ctrl+C】组合键

C．文本的复制和剪切是有区别的

D．单击“粘贴”按钮的功能与按【Ctrl+V】组合键一样

9．下列关于在 PowerPoint 中设置文本字体的叙述，正确的有（ ）。

A．设置文本字体之前必须先选择文本或段落

B．文字字号中 50 号字比 60 号字大

C．设置文本字体可通过【开始】/【编辑】组进行

D．选择设置效果选项可以加强文字的显示效果

10．下列关于在 PowerPoint 中创建表格的说法，正确的有（ ）。

A．打开一个演示文稿，选择需要插入表格的幻灯片，通过【插入】/【表格】组可创建表格

B．单击“表格”按钮，在打开的下拉列表中直接设置表格的行数和列数

C．在表格对话框中要输入插入的行数和列数

D．完成插入后，表格的行数和列数无法修改

三、判断题

1．在 PowerPoint 大纲视图模式下，可以实现在其他视图中可实现的一切编辑功能。（ ）

2．插入幻灯片的方法一般有在当前幻灯片后插入新幻灯片、在“大纲”选项卡中插入幻灯片和在浏览视图中添加幻灯片 3 种。（ ）

3．直接按【Ctrl+N】组合键可以在当前幻灯片后插入新幻灯片。（ ）

4．当要移动多张连在一起的幻灯片时，先选择要移动的多张幻灯片中的第一张，然后按住【Shift】键单击最后一张幻灯片，再进行移动操作即可。（ ）

5．PowerPoint 2010 是 Office 2010 中的组件之一。（ ）

6．单击“大纲”选项卡后，窗口左侧的列表区中将列出当前演示文稿的文本大纲，在其中可切换幻灯片，并进行编辑操作。（ ）

7．PowerPoint 2010 中的默认视图是幻灯片浏览视图。（ ）

8．在幻灯片浏览视图中不能编辑幻灯片中的具体内容。（ ）

9．编辑区主要用于显示和编辑幻灯片的内容，它是演示文稿的核心部分。（ ）

10．在 PowerPoint 2010 中，通过选择“开始”组中的“节”命令，可使用“节”功能。（ ）

11．在 PowerPoint 2010 中，单击【插入】/【文本】组中的“幻灯片编号”按钮，可设置页眉、页脚、日期和时间。（ ）

12．在占位符中添加的文本无法进行修改。（ ）

13．在 PowerPoint 的形状中添加了文本后，插入的形状无法改变其大小。（ ）

14．在 PowerPoint 中设置文本的字体格式时，文字的效果选项可以选择不进行设置。（ ）

15．在 PowerPoint 中设置文本的段落格式时，可以根据需要把图形设置为项目符号。（ ）

16．在幻灯片中创建表格时，如果插入错误，可以通过“撤销”按钮来撤销操作。（ ）

## 四、操作题

1．新建演示文稿，并进行下列操作。

（1）新建空白演示文稿，为其应用“平衡”模板样式。

（2）新建 1 张幻灯片，在其中插入 1 个文本框，输入“保护生态”，并将其字体设置为“微软雅黑，48”。

（3）在第 2 张幻灯片中插入剪贴画“Tree，树.wmf”图片。

（4）在第 3 张幻灯片中插入“水.jpg”图片。

（5）在第 4 张幻灯片中插入“5 列 3 行”的表格。

（6）将演示文稿保存为“保护生态”。

微课：项目九操作题 1

2．“年终总结”演示文稿内容如图 9.1 所示，按以下要求进行操作。

（1）启动 PowerPoint 2010，打开“年终总结.ppt”演示文稿。

（2）为演示文稿应用“新闻纸”模板。

（3）依次为每张幻灯片输入内容，设置内容文本格式为“微软雅黑，20”，设置标题文本格式为“微软雅黑，36”。

（4）为文本内容添加项目符号，并插入图片。

（5）设置图片格式为“映象圆角矩形”。

（6）在幻灯片中添加图表、表格。

（7）保存演示文稿。

微课：项目九操作题 2

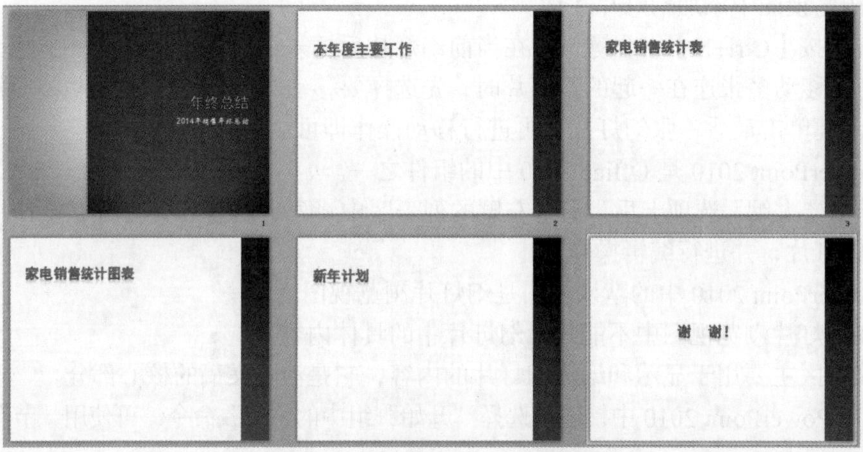


图 9.1 “年终总结”演示文稿

# 项目十　设置并放映演示文稿

一、单选题

1．在 PowerPoint 中，下列说法中错误的是（　　）。

A．可以动态显示文本和对象

B．可以更改动画对象的出现顺序

C．图表不可以设置动画效果

D．可以设置幻灯片的切换效果

2．在演示文稿中插入超链接时，所链接的目标不能是（　　）。

A．另一个演示文稿

B．同一个演示文稿中的某一张幻灯片

C．其他应用程序的文档

D．幻灯片中的某一个对象

3．在 PowerPoint 中，停止幻灯片的播放应按（　　）键。

A.【Enter】　　B.【Shift】　　C.【Ctrl】　　D.【Esc】

4．下列关于幻灯片动画的内容，说法错误的是（　　）。

A．幻灯片上动画对象的出现顺序不能随意修改

B．动画对象在播放之后可以再添加效果

C．可以在演示文稿中添加超链接，然后用它跳转到不同的位置

D．创建超链接时，起点可以是任何文本或对象

5．下列有关幻灯片背景设置的说法，错误的是（　　）。

A．可以为幻灯片设置不同的颜色、图案或者纹理的背景

B．可以使用图片作为幻灯片背景

C．可以为单张幻灯片设置背景

D．不可以同时对当前演示文稿中的所有幻灯片设置背景

6．在 PowerPoint 中应用模板后，新模板将会改变原演示文稿的（　　）。

A．配色方案　　B．幻灯片母版　　C．标题母版　　D．以上选项都对

7．下列关于 PowerPoint 的说法，正确的是（　　）。

A．可以将演示文稿中选定的信息链接到其他演示文稿幻灯片中的任何对象

B．可以为幻灯片中的对象设置播放动画的时间顺序

C．PowerPoint 演示文稿的扩展名为.pot

D．不能在一个演示文稿中同时使用不同的模板

8．下列（　　）是在幻灯片母版上不可能完成的操作。

A．使相同的图片出现在所有幻灯片的相同位置

B．使所有幻灯片具有相同的背景颜色及图案

C．使所有幻灯片的占位符具有相同格式

D．通过母版编辑所有幻灯片中的内容

9．在 PowerPoint 中，幻灯片放映视图的主要功能不包括（　）。

A．编辑幻灯片上的具体对象　　B．切换幻灯片

C．定位幻灯片　　D．播放幻灯片

10．若要改变超链接文字的颜色，应该通过（　）对话框。

A．“超链接设置”　　B．“幻灯片版面设置”

C．“字体设置”　　D．“新建主体颜色”

11．在制作演示文稿时可为幻灯片对象创建超链接，以下关于超链接的说法错误的是（　）。

A．超链接的目的地只能指向另一个演示文稿

B．超链接的目的地可以指向某个 Word 文档或 Excel 文档

C．超链接的目的地可以指向邮件地址

D．超链接的目的地可以指向某个网上资源地址

12．在 PowerPoint 中，为所有幻灯片中的对象设置统一样式，需应用（　）的功能。

A．模板　　B．母版　　C．版式　　D．样式

13．若要在幻灯片上配合讲解做标记，可使用（　）。

A．“指针选项”中的各种笔　　B．“画笔”工具

C．“绘图”工具栏　　D．笔

14．执行（　）操作不能切换至幻灯片放映视图中。

A．按【F5】键

B．单击“从头开始”按钮

C．单击“从当前幻灯片开始”按钮

D．双击“幻灯片”按钮

15．在幻灯片放映过程中，按（　）可以退出幻灯片放映。

A．空格键　　B．【Esc】键　　C．鼠标左键　　D．鼠标右键

16．在（　）方式下可以进行幻灯片的放映控制。

A．普通视图　　B．幻灯片浏览视图

C．幻灯片放映视图　　D．大纲视图

17．在 PowerPoint 2010 中，通过“页眉和页脚”对话框不能设置（　）。

A．日期和时间　　B．幻灯片编号

C．页眉　　D．页脚

18．在设置幻灯片放映的换页效果时，应通过（　）进行设置。

A．动作按钮　　B．“切换”功能组

C．预设动画　　D．自定义动画

19．在 PowerPoint 中全屏演示幻灯片，可将窗口切换到（　）。

A．幻灯片视图　　B．大纲视图

C．浏览视图　　D．幻灯片放映视图

20．如果要终止 PowerPoint 中正在演示的幻灯片，应按（　）键。

A．【Ctrl+Break】　　B．【Esc】

C．【Alt+Break】　　D．【Enter】

21．若要在放映过程中迅速找到某张幻灯片，可通过（ ）方法直接移动至要查找的幻灯片。

A．翻页

B．定位至幻灯片

C．退出放映视图，再进行翻页

D．退出放映视图，再进行查找

22．如果演示文稿中设置了隐藏的幻灯片，那么在打印时，这些隐藏的幻灯片（ ）。

A．是否打印将根据用户的设置决定

B．将不会打印

C．将同其他幻灯片一起打印

D．将只能打印出黑白效果

23．在幻灯片浏览视图中不能进行的操作是（ ）。

A．设置动画效果　　B．幻灯片的切换

C．幻灯片的移动和复制　　D．幻灯片的删除

24．下列（ ）的放映方式不是全屏幕放映。

A．讲演者放映　　B．从头开始放映

C．观众自行浏览　　D．在展台浏览

25．在 PowerPoint 中使用母版的目的是（ ）。

A．演示文稿的风格一致

B．编辑美化现有的模板

C．通过标题母版控制标题幻灯片的格式和位置

D．以上均是

26．要从当前幻灯片开始放映，应（ ）。

A．单击“幻灯片切换”按钮　　B．单击“从当前幻灯片开始”按钮

C．按【F5】键　　D．单击“开始放映”按钮

27．在演示文稿中设置幻灯片的切换速度是在（ ）中进行的。

A.【切换】/【切换到此幻灯片】组的列表框

B.【切换】/【切换到此幻灯片】组的“效果”下拉列表

C.【切换】/【计时】组

D.【动画】/【高级动画】组

28．在演示文稿中取消“超链接”时，不可以通过（ ）来实现。

A．选择链接内容，打开“插入超链接”对话框，单击 删除链接(R) 按钮

B．在超链接上单击鼠标右键，在弹出的快捷菜单中选择“取消超链接”命令

C．在超链接上单击鼠标右键，在弹出的快捷菜单中选择“编辑超链接”命令，在打开的“插入超链接”对话框中单击 删除链接(R) 按钮

D．选择“撤销”命令

29．演示文稿支持的视频文件格式有（ ）。

A．AVI　　B.WMV　　C．MPG　　D.以上均可

30．在幻灯片中添加声音和媒体文件主要通过（ ）进行。

A.【插入】/【媒体】组　　B.【插入】/【对象】组

C.【插入】/【符号】组　　　　　　　　D.【插入】/【公式】组

31．母版分为（　）。

A．幻灯片母版和讲义母版

B．幻灯片母版和标题母版

C．幻灯片母版、讲义母版、标题母版和备注母版

D．幻灯片母版、讲义母版和备注母版

32．在演示文稿中设置母版通常是在（　）功能组中进行。

A．“视图”　　　　B．“格式”　　　　C．“工具”　　　　D．“插入”

33．在下列操作中，可以隐藏幻灯片的操作是（　）。

A．在“幻灯片”窗格的幻灯片上单击鼠标右键，在弹出的快捷菜单中选择“隐藏幻灯片”命令

B．在母版幻灯片上单击鼠标右键，在弹出的快捷菜单中选择“隐藏幻灯片”命令

C．通过【视图】/【演示文稿视图】组来实现

D．通过【视图】/【母版视图】组来实现

34．PowerPoint 提供了文件的（　）功能，可以将演示文稿、其所链接的各种声音、图片等外部文件统一保存起来。

A．“定位”　　　　B．“另存为”　　　　C．“存储”　　　　D．“打包”

35．插入音频的操作，一般通过（　）功能组来实现。

A．“编辑”　　　　B．“视图”　　　　C．“插入”　　　　D．“工具”

36．打开“插入音频”对话框的方法为（　）。

A．在【插入】/【媒体】组中单击“音频”按钮，在打开的下拉列表中选择“文件中的音频”选项

B．在【插入】/【媒体】组中单击“音频”按钮，在打开的下拉列表中选择“剪贴画音频”选项

C．在【插入】/【对象】组中单击“音频”按钮，在打开的下拉列表中选择“文件中的音频”选项

D．在【插入】/【对象】组中单击“音频”按钮，在打开的下拉列表中选择“剪贴画音频”选项

37．在 PowerPoint 中应用模板时，下列选项中不正确的是（　）。

A．可直接在已有模板上重新编辑内容

B．在“设计”组中选择“应用模板设计”

C．模板的内容要在导入之后才能看见

D．模板的选择是多样化的

38．在 PowerPoint 中，一般通过（　）功能组来设置动画效果。

A．“编辑”　　　　B．“视图”　　　　C．“动画”　　　　D．“幻灯片放映”

39．下列选项中，不属于动画播放的开始方式的是（　）。

A．单击时　　　　　　　　B．与上一动画同时

C．上一动画之后　　　　　D．上一动画之前

40．如果要在幻灯片视图中预览动画，应（　）。

A．单击【动画】/【动画】组中的“播放”按钮

B．单击【动画】/【动画】组中的“预览”按钮

C．单击【动画】/【预览】组中的“预览”按钮

D．按【F5】键

41．打开“动画窗格”的方法为（　）。

A．在【动画】/【高级动画】组中单击“动画窗格”按钮

B．在【工具】/【自定义】组中单击“动画窗格”按钮

C．在【幻灯片放映】组中单击“自定义动画”按钮

D．在【视图】/【工具栏】组中单击“控制工具箱”按钮

42．在“动画效果”对话框的“效果”选项卡中，下列不属于“动画文本”设置效果的是（　）。

A．整批发送　B．按字/词　C．按字母　D．按字

43．如果要在“动画窗格”中更改幻灯片上各对象出现的顺序，则一般可通过（　）来调整。

A．选择需调整的动画，并将其拖至所需位置

B．选择需调整的动画，单击鼠标右键，通过右键快捷菜单

C．【动画】/【动画】组

D．【动画】/【高级动画】组

44．为整张幻灯片添加动画效果，一般通过（　）功能组来实现。

A．“切换”　B．“动画”　C．“开始”　D．“编辑”

45．如果要更改幻灯片的切换效果，应该在（　）功能组中进行操作。

A．“切换”　B．“动画”　C．“开始”　D．“编辑”

46．如果要将同一种切换效果应用于全部幻灯片，则可单击（　）按钮。

A．“剪切”　B．“复制”

C．“全部应用”　D．“粘贴”

47．在PowerPoint中，一般通过（　）来添加动作按钮。

A．【插入】/【插图】组　B．【插入】/【动作】组

C．【插入】/【对象】组　D．【插入】/【链接】组

48．“动作设置”对话框中的“鼠标移过”表示（　）。

A．所设置的按钮采用单击鼠标执行动作的方式

B．所设置的按钮采用双击鼠标执行动作的方式

C．所设置的按钮采用自动执行动作的方式

D．所设置的按钮采用鼠标移过执行动作的方式

49．如果要创建一个指向某一程序的动作按钮，应单击选中“动作设置”对话框中的（　）单选项。

A．“无动作”　B．“运行对象”　C．“运行程序”　D．“超链接到”

50．PowerPoint中显示页码和日期等对象可以通过（　）来进行设置。

A．视图　B．屏幕　C．幻灯片　D．母版

## 二、多选题

1．下列选项中，可用于结束幻灯片放映的操作有（　）。

A．按【Esc】键

B．按【Ctrl+E】组合键

C．按【Enter】键

D．单击鼠标右键，在弹出的快捷菜单中选择“结束放映”命令

2．下列选项中，可以设置动画效果的幻灯片对象有（　）。

A．声音和视频　B．文字　C．图片　D．图表

3．关于在幻灯片中插入音频的操作，下列说法中正确的是（　）。

A．插入声音的操作包括插入“文件中的音频”和“剪贴画音频”

B．在幻灯片中插入声音后，当前幻灯片中会出现一个声音图标，选择该图标可对声音进行编辑

C．通过“动画”功能组执行插入声音的操作

D．通过【播放】/【音频选项】组可对声音播放方式进行设置

4．下列说法中正确的有（　）。

A．通过【插入】/【媒体】组插入视频文件

B．在幻灯片中插入视频后，可对视频外观进行设置和美化

C．插入视频的操作包括插入“本地文件中的视频”和“剪贴画视频”

D．在“插入视频”对话框中，只需双击要插入的影片即可完成插入

5．下列关于动画设置的说法，正确的有（　）。

A．通过【动画】/【动画】组可添加动画

B．如果要预览动画，可在【动画】/【预览】组中单击“预览”按钮

C．动画效果只能通过播放状态预览，不能直接预览

D．单击“动画窗格”按钮，在打开的窗格中可对动画效果进行详细设置

6．下列属于常用动画效果的是（　）。

A．飞入　B．擦除　C．形状　D．打字机

7．在“动作设置”对话框中设置动作时，主要可对（　）的动作执行方式进行设置。

A．单击鼠标　B．双击鼠标　C．鼠标移过　D．按任意键

8．下列关于在 PowerPoint 中应用模板的叙述，正确的有（　）。

A．在【插入】/【主题】组的列表框中直接选择模板

B．在使用模板之前，可以先预览模板内容

C．不应用设计模板，将无法设计幻灯片

D．PowerPoint 提供了很多自带的模板样式

三、判断题

1．动画计时和切换计时是指设置切换和动画效果时对其速度的设定。（　）

2．通过幻灯片的占位符，不能插入图片对象。（　）

3．在幻灯片中插入声音是指播放幻灯片的过程中一直有该声音出现。（　）

4．在拥有母版的演示文稿中添加幻灯片后，新添加的幻灯片也将应用到该母版格式中。（　）

5．用户只能为文本对象设置动画效果。（　）

6．在幻灯片中，如某对象前无动画符号标记，则表示该对象无动画效果。（　）

7．在放映幻灯片的过程中，用户还可设置其声音效果。（　）

8．母版可用来为同一演示文稿中的所有幻灯片设置统一的版式和格式。（　）

9．幻灯片所做的背景设置只能应用于幻灯片。 （ ）

10．在 PowerPoint 创建了幻灯片后，该幻灯片即具有了默认的动画效果，如果用户对该效果不满意，可重新设置。 （ ）

11．打印幻灯片讲义时通常是一张纸上打印一张幻灯片。 （ ）

12．在 PowerPoint 中，排练计时是经常使用的一种设定时间的方法。 （ ）

13．单击【幻灯片母版】/【关闭】组中的 按钮，可关闭母版视图。 （ ）

14．在 PowerPoint 中，让不需要的幻灯片在放映时隐藏，可以通过【幻灯片放映】/【设置】组中的“隐藏幻灯片”按钮 来设置。 （ ）

15．如果要终止幻灯片的放映，可直接按【Esc】键。 （ ）

16．PowerPoint 的对象应用包括文本、表格、插图、相册、媒体、逻辑节等。 （ ）

17．在“动画”选项卡的“动画”组中，有 4 种类型的动画方案，分别是进入动画方案、强调动画方案、退出动画方案和动作路径方案。 （ ）

18．在 PowerPoint 中，需要复制幻灯片中的动画效果，可在“动画”选项卡的“高级 动画”组中，单击“动画刷”按钮 ，将动画效果复制给其他幻灯片对象。 （ ）

19．在 PowerPoint 中，用户可根据需要将幻灯片输出为图片或视频。 （ ）

20．为演示文稿设置排练计时，可以更准确地对放映过程进行掌控。 （ ）

## 四、操作题

1．“市场调查.ppt”演示文稿内容如图 10.1 所示，按以下要求进行操作。

（1）打开演示文稿，为其应用“角度”幻灯片模板样式，进入幻灯片母版，在内容幻灯片的标题占位符下绘制一条横线。

（2）插入“logo. png”图片，将图片调整至合适大小后置于幻灯片左上角。

（3）设置幻灯片内容的文本格式为“微软雅黑，18”。

（4）退出幻灯片母版。

（5）依次在每张幻灯片中输入文本，并调整占位符的位置。

（6）完成后保存演示文稿，按【F5】键放映演示文稿。

（7）使用荧光笔在幻灯片中做标记。

（8）切换至第 3 张幻灯片进行放映。

（9）退出放映。

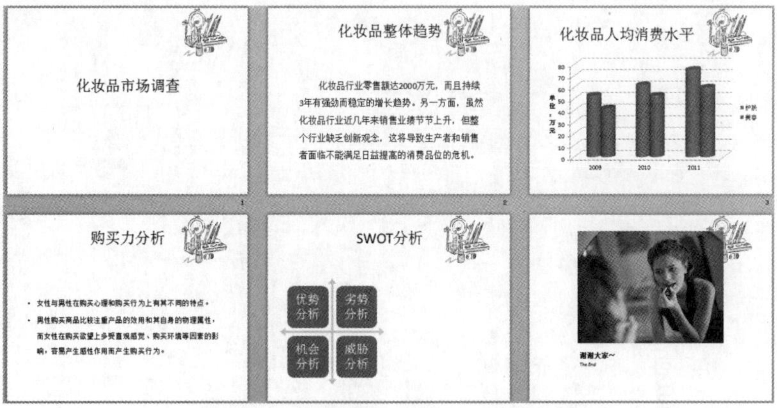


图 10.1 “市场调查.ppt”演示文稿

微课：项目十操作题 1

2. “礼仪培训.ppt”演示文稿内容如图 10.2 所示，按以下要求进行操作。

（1）选择第 1 张标题幻灯片，分别为其中的对象添加“飞入”动画效果。

（2）将标题文本框的动画效果设置为“自左侧”。

（3）依次为第 2 ~ 7 张幻灯片设置动画效果，并设置其效果选项。

（4）从头开始放映幻灯片，使用荧光笔在幻灯片放映过程中添加标记。

（5）退出放映模式，并保留标记。

（6）保存演示文稿，将其打包为文件夹。

微课：项目十操作题 2

图 10.2 “礼仪培训.ppt”演示文稿

# 项目十一　认识并使用计算机网络

一、单选题

1．如果要把个人计算机用电话拨号的方式接入因特网，除需性能合适的计算机外，硬件上还应配置一个（　）。

A．连接器　B．调制解调器　C．路由器　D．集线器

2．（　）是 Internet 最基本的协议。

A．X.25　B．TCP/IP　C．FTP　D．UDP

3．互联网采用的协议是（　）。

A．X.25　B．TCP/IP　C．FTP　D．UDP

4．TCP 工作在（　）。

A．物理层　B．链路层　C．传输层　D．应用层

5．Internet 实现了世界各地各类网络的互联，其最基础和核心的协议是（　）。

A．HTTP　B．FTP　C．HTML　D．TCP/IP

6．在 Internet 中，主机域名和主机 IP 地址之间的关系是（　）。

A．完全相同，毫无区别　B．一一对应

C．一个 IP 地址对应多个域名　D．一个域名对应多个 IP 地址

7．a@b.cn 表示一个（　）。

A．IP 地址　B．电子邮箱　C．域名　D．网络协议

8．（　）是将文件从远程计算机上复制到本地计算机上。

A．下载　B．上传　C．保存　D．传送

9．在浏览网页的过程中，当鼠标移动到已设置了超链接的区域时，鼠标指针形状一般变为（　）。

A．小手形状　B．双向箭头　C．禁止图案　D．下拉箭头

10．下列 4 项中表示域名的是（　）。

A．www.cctv.com　B．hk@zj.school.com

C．zjwww@china.com　D．202.96.68.1234"

11．下列软件中可以查看 WWW 信息的是（　）。

A．游戏软件　B．财务软件　C．杀毒软件　D．浏览器软件

12．WWW 是（　）。

A．局域网的简称　B．城域网的简称

C．广域网的简称　D．万维网的简称

13．Internet 采用的基础协议是（　）。

A．HTML　B．CSMA　C．SMTP　D．TCP / IP

14．IP 地址是由一组长度为（　）的二进制数字组成的。

A．8 位　B．16 位　C．32 位　D．20 位

15. Internet 与 WWW 的关系是（　）。

A. 均为互联网，只是名称不同

B. WWW 只是在 Internet 上的一个应用功能

C. Internet 与 WWW 没有关系

D. Internet 就是 WWW

16. 超文本的含义是（　）。

A. 该文本中包含有图形、图像

B. 该文本中包含有二进制字符

C. 该文本中包含有与其他文本的链接

D. 该文本中包含有多媒体信息

17. WWW 浏览器是（　）。

A. 一种操作系统　　B. TCP / IP 体系中的协议

C. 浏览 WWW 的客户端软件　　D. 收发电子邮件的程序

18. WWW 中的信息资源是以（　）为元素构成的。

A. 主页　　B. Web 页　　C. 图像　　D. 文件

19. 用户使用 WWW 浏览器访问 Internet 上任何 WWW 服务器，所看到的第一个页面称为（　）。

A. 主页　　B. Web 页　　C. 文件　　D. 目录

20. 域名地址中的后缀"cn"的含义是（　）。

A. 美国　　B. 中国　　C. 教育部门　　D. 商业部门

21. HTTP 是（　）。

A. 一种程序设计语言　　B. 域名

C. 超文本传输协议　　D. 网址

22. 浏览器的作用是（　）。

A. 收发电子邮件

B. 负责信息显示和向服务器发送请求

C. 用程序编辑器编制程序

D. 网络互联

23. Internet Explorer 浏览器中的"收藏夹"的主要作用是收藏（　）。

A. 图片　　B. 邮件　　C. 网址　　D. 文档

24. 下列属于搜索引擎的是（　）。

A. "百度"　　B. "爱奇艺"　　C. "迅雷"　　D. "酷狗"

25. 下列不属于上传和下载资源的常用软件的是（　）。

A. "百度"　　B. "爱奇艺"　　C. "迅雷"　　D. "酷狗"

26. 在下列选项中，不提供音频/视频在线播放服务的网站是（　）。

A. "优酷"　　B. "土豆"　　C. "爱奇艺"　　D. "迅雷"

27. 在网站上播放和观看视频时，不可以进行的操作是（　）。

A. 暂停当前播放的视频

B. 调整当前视频的播放进度

C. 调整当前视频的播放音量

D．将当前播放视频拖动至其他客户端播放

## 二、多选题

1．下列选项中，Internet 能够提供的服务有（　）。

A．文件传输　　B．电子邮件　　C．远程登录　　D．网上冲浪

2．一个 IP 地址由 3 个字段组成，它们是（　）。

A．类别　　B．网络号　　C．主机号　　D．域名

## 三、判断题

1．FTP 是 Internet 上使用的协议。（　）

2．WWW 是一种基于超文本方式的信息查询工具。（　）

3．IP 地址由一组 16 位的二进制数组成。（　）

4．域名的最高层均代表国家（或地区）。（　）

5．Internet 使用的语言是 TCP/IP。（　）

6．Internet 域名系统对域名长度没有限制。（　）

7．可为一个主机的 IP 地址定义多个域名。（　）

8．Internet 是一个提供专门网络服务的国际性组织。（　）

9．一个完整的 URL 地址由“协议名称”和“服务器名称”组成。（　）

10．PC 接入局域网必须安装集线器和网络适配器。（　）

11．必须通过浏览器才可以使用 Internet 提供的服务。（　）

12．调制解调器的性能是决定上网速度快慢的关键因素。（　）

13．超链接是指从一个网页指向一个目标的连接关系，这个目标可以是另一个网页，也可以是相同网页上的不同位置。（　）

## 四、操作题

1．打开“百度”首页，输入并搜索“最新电影”的相关信息，保存网页。

2．打开“新浪”首页，通过该页面打开“新浪新闻”页面，在其中浏览新闻，并将页面保存到指定的文件夹下。

3．打开 IE 浏览器的收藏夹，将“游戏中心”重命名为“消灭星星”，并移动至“娱乐”文件夹。

# 项目十二 做好计算机维护与安全

一、单选题

1．一个磁盘由若干个磁盘分区组成，分别是主分区和（ ）。

A．物理分区 B．间接分区 C．直接分区 D．扩展分区

2．在扩展分区中，可建立多个（ ）。

A．物理分区 B．逻辑分区 C．直接分区 D．扩展分区

3．产生磁盘碎片的主要原因一般包括下载和（ ）。

A．无用文件过多 B．文件没删除干净

C．文件存储量过大 D．文件的操作

4．要想打开注册表，应该在“运行”对话框的“打开”文本框中输入（ ）命令。

A．regedit B．compmgmt.msc

C．comn D．msconfig

5．计算机在使用过程中产生的无用垃圾文件和临时文件会占用磁盘空间，并（ ）。

A．影响系统的运行速度 B．影响其他文件的存放

C．影响电脑软件的使用 D．容易感染病毒

6．在磁盘碎片整理窗口中，“分析”的作用是（ ）。

A．判断是否需要进行碎片整理

B．优化磁盘文件系统，为整理碎片做准备

C．进行磁盘碎片整理

D．以上都不对

7．下列关于硬盘故障的说法，不正确的是（ ）。

A．如果在 BIOS 中能够检测到硬盘而硬盘不能启动，则可能是操作系统出了问题

B．如果在 BIOS 中能够检测到硬盘而硬盘不能启动，则说明硬盘可能没有问题

C．如果在 BIOS 中不能检测到硬盘，则说明硬盘肯定有问题

D．以上说法都不对

8．通过设置 Windows 的虚拟内存，可以（ ）。

A．增加系统原本的内存空间

B．将部分硬盘空间充当内存使用

C．提高系统的运行速度

D．提高内存空间的利用率

9．在“运行”对话框中输入（ ）命令，可快速打开“计算机管理”窗口。

A．regedit B．compmgmt.msc

C．comn D．msconfig

10．系统自动更新一般是通过（ ）窗口进行设置。

A．计算机管理 B．Windows Update

C．计算机　　D．系统配置

11．蠕虫病毒的前缀是（　）。

A．Win32　　B．Worm　　C．Win95　　D．Macro

12．下列选项中，可能是计算机感染病毒的途径的是（　）。

A．用键盘输入数据　　B．通过电源线

C．所使用的硬盘表面不清洁　　D．通过 Internet 中的 E-mail

13．下列选项中，可以防止移动硬盘感染计算机病毒的方法是（　）。

A．使移动硬盘远离电磁场

B．定期对移动硬盘做格式化处理

C．对移动硬盘加上写保护

D．禁止与有病毒的其他移动硬盘放在一起

14．计算机病毒会造成（　）。

A．CPU 烧毁　　B．磁盘驱动器损坏

C．程序和数据破坏　　D．磁盘物理损坏

15．计算机病毒是一种（　）。

A．程序　　B．电子元件

C．微生物“病毒体”　　D．机器部件

16．黑客病毒的前缀名一般为（　）。

A．Worm　　B．Macro　　C．Hack　　D．Word

17．按其寄生场所不同，计算机病毒可分为引导型病毒和（　）两大类。

A．娱乐性病毒　　B．破坏性病毒

C．文件型病毒　　D．潜在性病毒

18．下列属于计算机常见病毒的特点的是（　）。

A．良性、恶性、明显性和周期性

B．周期性、隐蔽性、复发性和良性

C．隐蔽性、潜伏性、传染性和破坏性

D．只读性、趣味性、隐蔽性和传染性

19．可以感染 Windows 操作系统的文件的后缀名一般为（　）。

A．.docx 和.dll　　B．.docx 和.xlsx

C．.exe 和.txt　　D．.exe 和.dll

20．下列设备中，能在计算机之间传播“病毒”的是（　）。

A．扫描仪　　B．鼠标　　C．光盘　　D．键盘

21．为了预防计算机病毒，对于外来磁盘应（　）。

A．禁止使用　　B．先查毒，后使用

C．使用后就杀毒　　D．随便使用

22．出现下列（　）现象时，应首先考虑计算机感染了病毒。

A．不能读取光盘

B．系统报告磁盘已满

C．程序运行速度明显变慢

D．开机启动 Windows 时，首先扫描硬盘

23．发现计算机感染病毒后，可通过（　）操作清除病毒。

A．使用杀毒软件　　B．扫描磁盘

C．整理磁盘碎片　　D．重新启动计算机

24．在下列操作中，通过（　）不可以清除文件型计算机病毒。

A．删除感染计算机病毒的文件　　B．将感染计算机病毒的文件更名

C．格式化感染计算机病毒的磁盘　　D．用杀毒软件进行清除

25．对于已经感染病毒的磁盘，应（　）。

A．不能使用　　B．用杀毒软件杀毒后继续使用

C．用酒精消毒后继续使用　　D．可直接使用，对系统无任何影响

26．“冰河播种者”（Dropper.BingHe2.2C）属于（　）。

A．复合型病毒　　B．引导文件型病毒

C．病毒种植程序病毒　　D．非生物型病毒

27．下列不属于第三方系统保护软件的是（　）。

A．“卡巴斯基”　B．“金山毒霸”　C．“瑞星杀毒”　D．“鲁大师”

## 二、多选题

1．下列可能会产生磁盘碎片的操作包括（　）。

A．移动文件　B．删除文件　C．添加文件　D．查杀系统

2．硬盘分区包括（　）。

A．主分区　B．扩展分区　C．物理分区　D．原始分区

3．计算机病毒（　）。

A．可能会损坏系统数据　　B．是人为编制的具有传染性的程序

C．是计算机硬件的故障　　D．是计算机软件的故障

4．Outlook 可以实现（　）功能。

A．日程管理　　B．收发电子邮件

C．网上冲浪　　D．防治病毒

5．下列关于计算机病毒的说法，正确的是（　）。

A．计算机病毒能自我复制

B．计算机病毒具有隐藏性

C．计算机病毒是一段程序

D．计算机病毒是一种危害计算机的生物病毒

6．下列关于防止计算机病毒传染的方法，错误的是（　）。

A．干净的硬盘不要与来历不明的硬盘放在一起

B．不要复制来历不明的硬盘上的文件

C．长时间不用的硬盘要经常格式化

D．对硬盘上的文件要经常复制

## 三、判断题

1．在 BIOS 中能够检测到硬盘，但是硬盘不能启动，可能是操作系统出了问题。（　）

2．硬盘主分区只能分为两个分区。（　）

3．当不需要使用某个硬盘分区时，可将其删除。（　）

4．清理磁盘空间可以优化磁盘空间。（　）

5．磁盘清理可以帮助释放硬盘驱动器的空间。（　）

6．发现计算机病毒后，比较彻底的清除方式是格式化磁盘。（　）

7．计算机病毒是计算机软件出现的故障。（　）

8．鼠标操作不灵活，应首先考虑计算机是否感染病毒。（　）

9．计算机感染病毒后，可能造成内存条物理损坏。（　）

10．计算机病毒的最终目的是干扰和破坏系统的软、硬件资源。（　）

11．计算机病毒具有潜伏性。（　）

12．扫描仪可以在计算机之间传播病毒。（　）

13．计算机病毒是一个 MIS 程序。（　）

14．计算机病毒是对人体有害的病菌。（　）

15．计算机病毒是一段程序，对计算机无直接危害。（　）

## 四、操作题

1．在 F 盘中创建一个新分区 G，空间为 30GB。

2．对 C 盘进行磁盘分析，然后使用磁盘清理工具，对已下载的程序文件、Internet 临时文件、回收站、临时文件和安装日志文件等进行清理。

3．使用杀毒软件执行快速杀毒操作，并清理扫描出来的病毒文件。

4．对当前系统盘进行病毒扫描，并清理扫描出来的病毒文件。

# 附录 参考答案

项目一

一、单选题

| 1 | 2 | 3 | 4 | 5 | 6 | 7 | 8 | 9 | 10 |
|---|---|---|---|---|---|---|---|---|---|
| D | B | C | C | B | C | A | A | B | A |
| 11 | 12 | 13 | 14 | 15 | 16 | 17 | 18 | 19 | 20 |
| B | B | D | A | B | B | B | C | D | B |
| 21 | 22 | 23 | 24 | 25 | 26 | 27 | 28 | 29 | 30 |
| C | B | A | A | B | A | D | B | C | B |
| 31 | 32 | 33 | 34 | 35 | 36 | 37 | 38 | 39 | 40 |
| B | A | B | D | D | B | C | D | D | B |
| 41 | 42 | 43 | 44 | 45 | 46 | 47 | 48 | 49 | 50 |
| B | B | D | A | C | B | C | A | A | A |
| 51 | 52 | 53 | 54 | 55 | 56 | 57 | 58 | 59 | 60 |
| C | C | D | D | D | C | B | B | D | A |
| 61 | 62 | 63 | 64 | 65 | 66 | 67 | 68 | 69 | 70 |
| A | C | C | C | B | B | B | B | D | A |
| 71 | 72 | 73 | 74 | | | | | | |
| D | B | C | A | | | | | | |

二、多选题

| 1 | 2 | 3 | 4 | 5 | 6 | 7 | 8 | 9 | 10 |
|---|---|---|---|---|---|---|---|---|---|
| ABD | AD | ABCD | AD | ACD | ACD | ABD | ABC | AD | CD |
| 11 | 12 | 13 | 14 | 15 | 16 | 17 | 18 | 19 | 20 |
| BCD | ACD | ABD | AC | ABD | CD | AC | AD | ABD | BD |
| 21 | 22 | 23 | 24 | 25 | 26 | | | | |
| ABC | ABCD | AD | ABCD | ABCD | ABCD | | | | |

三、判断题

| 1 | 2 | 3 | 4 | 5 | 6 | 7 | 8 | 9 | 10 |
|---|---|---|---|---|---|---|---|---|---|
| √ | × | × | × | √ | √ | √ | √ | × | × |
| 11 | 12 | 13 | 14 | 15 | 16 | 17 | 18 | 19 | 20 |
| × | √ | × | × | √ | × | √ | × | √ | √ |

| 21 | 22 | 23 | 24 | 25 | 26 | 27 | 28 | 29 | 30 |
|---|---|---|---|---|---|---|---|---|---|
| √ | √ | × | × | × | √ | √ | × | × | √ |
| 31 | 32 | 33 | 34 | 35 | 36 | 37 | 38 | 39 | 40 |
| √ | × | × | √ | × | × | √ | √ | × | √ |
| 41 | 42 | 43 | 44 | | | | | | |
| × | × | × | √ | | | | | | |

项目二

一、单选题

| 1 | 2 | 3 | 4 | | | | | | |
|---|---|---|---|---|---|---|---|---|---|
| D | A | A | B | | | | | | |

二、多选题

| 1 | 2 | | | | | | | | |
|---|---|---|---|---|---|---|---|---|---|
| ABCD | ABCD | | | | | | | | |

项目三

一、单选题

| 1 | 2 | 3 | 4 | 5 | 6 | 7 | 8 | 9 | 10 |
|---|---|---|---|---|---|---|---|---|---|
| A | C | D | A | A | A | A | B | D | C |
| 11 | 12 | 13 | 14 | 15 | 16 | 17 | 18 | 19 | 20 |
| A | B | B | D | A | A | A | C | C | D |
| 21 | 22 | 23 | 24 | 25 | 26 | 27 | 28 | 29 | 30 |
| A | B | A | B | A | C | B | C | C | D |
| 31 | 32 | 33 | 34 | 35 | 36 | 37 | 38 | 39 | 40 |
| B | D | C | D | C | C | D | A | D | A |
| 41 | 42 | 43 | 44 | 45 | 46 | 47 | 48 | 49 | 50 |
| B | B | A | B | A | A | D | D | C | A |

二、多选题

| 1 | 2 | 3 | 4 | 5 | 6 | 7 | 8 | 9 | 10 |
|---|---|---|---|---|---|---|---|---|---|
| BD | ABCD | ABC | ABCD | ABC | BCD | BD | ACD | ABCD | ABC |
| 11 | 12 | | | | | | | | |
| ABCD | ABC | | | | | | | | |

三、判断题

| 1 | 2 | 3 | 4 | 5 | 6 | 7 | 8 | 9 | 10 |
|---|---|---|---|---|---|---|---|---|---|
| √ | √ | × | × | √ | √ | × | √ | √ | × |

| 11 | 12 | 13 | 14 | 15 | 16 | 17 | 18 | 19 | 20 |
|---|---|---|---|---|---|---|---|---|---|
| √ | × | × | × | √ | √ | × | √ | × | √ |
| 21 | 22 | 23 | 24 | 25 | 26 | 27 | 28 | 29 | 30 |
| × | × | √ | √ | √ | √ | × | √ | √ | × |

四、操作题（略）

项目四

一、单选题

| 1 | 2 | 3 | 4 | 5 | 6 | 7 | 8 | 9 | 10 |
|---|---|---|---|---|---|---|---|---|---|
| C | A | B | C | D | D | C | A | A | A |
| 11 | 12 | 13 | 14 | 15 | 16 | 17 | 18 | 19 | 20 |
| B | A | A | D | D | A | A | D | D | C |
| 21 | 22 | 23 | 24 | 25 | 26 | 27 | 28 | 29 | 30 |
| C | D | C | D | D | C | D | D | D | A |
| 31 | 32 | 33 | 34 | 35 | 36 | | | | |
| B | D | D | C | C | D | | | | |

二、多选题

| 1 | 2 | 3 | 4 | 5 | 6 | 7 | 8 | 9 | 10 |
|---|---|---|---|---|---|---|---|---|---|
| AB | BCD | AC | ABCD | ABCD | BD | ACD | ABCD | ABCD | CD |
| 11 | 12 | 13 | 14 | 15 | | | | | |
| ACD | ABCD | BCD | ABD | ABC | | | | | |

三、判断题

| 1 | 2 | 3 | 4 | 5 | 6 | 7 | 8 | 9 | 10 |
|---|---|---|---|---|---|---|---|---|---|
| √ | × | √ | √ | √ | × | √ | √ | × | √ |
| 11 | 12 | 13 | 14 | 15 | 16 | 17 | 18 | 19 | 20 |
| × | √ | × | √ | × | × | × | × | √ | √ |
| 21 | 22 | 23 | 24 | 25 | 26 | 27 | 28 | 29 | 30 |
| √ | √ | √ | × | × | × | × | √ | √ | × |
| 31 | 32 | 33 | 34 | 35 | 36 | 37 | 38 | 39 | 40 |
| √ | √ | √ | √ | √ | × | × | √ | √ | × |
| 41 | 42 | 43 | 44 | 45 | 46 | 47 | 48 | 49 | 50 |
| × | √ | × | √ | √ | × | × | √ | √ | × |
| 51 | 52 | 53 | | | | | | | |
| × | √ | √ | | | | | | | |

四、操作题（略）

## 项目五

一、单选题

| 1 | 2 | 3 | 4 | 5 | 6 | 7 | 8 | 9 | 10 |
|---|---|---|---|---|---|---|---|---|---|
| B | C | A | B | A | C | A | B | A | A |
| 11 | 12 | 13 | 14 | 15 | 16 | 17 | 18 | 19 | 20 |
| B | D | B | B | A | A | B | B | A | A |
| 21 | 22 | 23 | 24 | 25 | 26 | 27 | 28 | 29 | 30 |
| C | C | A | A | A | B | D | C | C | A |
| 31 | 32 | 33 | 34 | 35 | 36 | 37 | 38 | 39 | 40 |
| B | B | A | D | A | A | A | D | B | A |

二、多选题

| 1 | 2 | 3 | 4 | 5 | 6 | 7 | 8 | 9 | 10 |
|---|---|---|---|---|---|---|---|---|---|
| ABCD | ABC | BCD | ABCD | ABCD | ABCD | ACD | ABC | ABC | ABC |
| 11 | 12 | 13 | 14 | 15 | 16 | 17 | 18 | 19 | 20 |
| BCD | AC | ABCD | ABCD | ABCD | AC | ABCD | ABCD | AB | ABCD |

三、判断题

| 1 | 2 | 3 | 4 | 5 | 6 | 7 | 8 | 9 | 10 |
|---|---|---|---|---|---|---|---|---|---|
| √ | √ | × | √ | √ | √ | √ | × | × | × |
| 11 | 12 | 13 | 14 | 15 | 16 | 17 | 18 | 19 | 20 |
| √ | √ | × | √ | × | √ | × | × | × | √ |
| 21 | 22 | 23 | 24 | 25 | 26 | 27 | 28 | 29 | 30 |
| × | √ | √ | × | × | × | × | × | √ | √ |

四、操作题（略）

## 项目六

一、单选题

| 1 | 2 | 3 | 4 | 5 | 6 | 7 | 8 | 9 | 10 |
|---|---|---|---|---|---|---|---|---|---|
| C | C | C | B | C | C | B | B | C | D |
| 11 | 12 | 13 | 14 | 15 | 16 | 17 | 18 | 19 | 20 |
| D | B | C | B | D | C | D | A | A | C |
| 21 | 22 | 23 | 24 | 25 | 26 | 27 | 28 | 29 | |
| B | B | D | D | D | C | D | C | A | |

二、多选题

| 1 | 2 | 3 | 4 | 5 | 6 | 7 | 8 | 9 | 10 |
|---|---|---|---|---|---|---|---|---|---|
| CD | ABD | AB | ABD | ABCD | ABCD | ABD | CD | ABC | ABCD |

三、判断题

| 1 | 2 | 3 | 4 | 5 | 6 | 7 | 8 | 9 | 10 |
|---|---|---|---|---|---|---|---|---|---|
| × | √ | √ | √ | × | √ | × | × | √ | × |
| 11 | 12 | 13 | 14 | 15 | 16 | 17 | 18 | 19 | 20 |
| × | √ | √ | × | × | √ | √ | × | √ | × |
| 21 | 22 | 23 | 24 | 25 | 26 | 27 | 28 | 29 | 30 |
| × | × | √ | × | √ | √ | × | × | × | × |

四、操作题（略）

## 项目七

一、单选题

| 1 | 2 | 3 | 4 | 5 | 6 | 7 | 8 | 9 | 10 |
|---|---|---|---|---|---|---|---|---|---|
| A | B | A | C | B | C | B | D | A | C |
| 11 | 12 | 13 | 14 | 15 | 16 | 17 | 18 | 19 | 20 |
| B | D | D | B | B | A | C | C | C | A |
| 21 | 22 | 23 | 24 | 25 | 26 | 27 | 28 | 29 | 30 |
| C | B | B | B | B | A | C | A | B | B |
| 31 | 32 | 33 | 34 | 35 | 36 | 37 | 38 | 39 | 40 |
| B | D | B | C | D | D | A | A | B | B |
| 41 | 42 | 43 | 44 | 45 | 46 | 47 | 48 | 49 | 50 |
| A | D | A | C | B | A | D | B | D | B |
| 51 | 52 | | | | | | | | |
| A | B | | | | | | | | |

二、多选题

| 1 | 2 | 3 | 4 | 5 | 6 | 7 | 8 | 9 | 10 |
|---|---|---|---|---|---|---|---|---|---|
| ABC | AC | ACD | AB | ABCD | ABCD | ABC | AD | CD | AC |
| 11 | 12 | | | | | | | | |
| AB | CD | | | | | | | | |

三、判断题

| 1 | 2 | 3 | 4 | 5 | 6 | 7 | 8 | 9 | 10 |
|---|---|---|---|---|---|---|---|---|---|
| √ | × | × | × | √ | √ | √ | √ | √ | × |
| 11 | 12 | 13 | 14 | 15 | 16 | 17 | 18 | 19 | 20 |
| √ | × | √ | × | × | × | √ | × | × | √ |
| 21 | 22 | 23 | 24 | 25 | 26 | 27 | 28 | 29 | 30 |
| × | √ | × | √ | √ | √ | × | × | × | √ |
| 31 | 32 | 33 | 34 | 35 | 36 | 37 | 38 | 39 | 40 |
| √ | × | × | √ | × | √ | √ | × | √ | × |

四、操作题（略）

## 项目八

一、单选题

| 1 | 2 | 3 | 4 | 5 | 6 | 7 | 8 | 9 | 10 |
|---|---|---|---|---|---|---|---|---|---|
| C | A | D | A | A | B | B | D | A | D |
| 11 | 12 | 13 | 14 | 15 | 16 | 17 | 18 | 19 | 20 |
| D | B | C | D | B | B | D | C | A | B |
| 21 | 22 | 23 | 24 | 25 | 26 | 27 | 28 | 29 | 30 |
| D | B | B | B | B | A | C | C | C | B |
| 31 | 32 | 33 | 34 | 35 | 36 | 37 | 38 | 39 | 40 |
| A | C | A | C | A | B | A | A | A | B |

二、多选题

| 1 | 2 | 3 | 4 | 5 | 6 | 7 | 8 | 9 | 10 |
|---|---|---|---|---|---|---|---|---|---|
| CD | BCD | ACD | ABCD | ABD | AD | ACD | CD | ABC | AC |

三、判断题

| 1 | 2 | 3 | 4 | 5 | 6 | 7 | 8 | 9 | 10 |
|---|---|---|---|---|---|---|---|---|---|
| √ | √ | × | √ | √ | √ | × | × | × | √ |
| 11 | 12 | 13 | 14 | 15 | 16 | 17 | 18 | 19 | 20 |
| √ | √ | × | × | √ | √ | × | × | √ | × |
| 21 | 22 | 23 | 24 | 25 | 26 | 27 | 28 | 29 | 30 |
| √ | × | √ | √ | √ | √ | √ | × | √ | √ |
| 31 | 32 | 33 | 34 | 35 | 36 | 37 | 38 | 39 | 40 |
| × | √ | × | √ | √ | × | √ | × | × | √ |
| 41 | 42 | 43 | 44 | 45 | 46 | 47 | 48 | 49 | 50 |
| √ | × | × | √ | √ | × | × | × | √ | √ |
| 51 | 52 | 53 | 54 | 55 | 56 | 57 | 58 | 59 | |
| √ | √ | √ | √ | √ | × | × | × | × | |

四、操作题（略）

## 项目九

一、单选题

| 1 | 2 | 3 | 4 | 5 | 6 | 7 | 8 | 9 | 10 |
|---|---|---|---|---|---|---|---|---|---|
| C | B | D | B | D | D | D | D | D | C |
| 11 | 12 | 13 | 14 | 15 | 16 | 17 | 18 | 19 | 20 |

| A | D | D | A | D | A | D | C | B | C |
|---|---|---|---|---|---|---|---|---|---|
| 21 | 22 | 23 | 24 | 25 | 26 | 27 | 28 | 29 | 30 |
| B | D | B | B | A | B | A | D | B | D |
| 31 | 32 | 33 | 34 | 35 | 36 | 37 | 38 | 39 | 40 |
| C | A | A | D | B | A | A | D | C | D |
| 41 | 42 | 43 | 44 | 45 | 46 | 47 | 48 | 49 | 50 |
| C | D | D | D | D | B | C | C | A | A |

二、多选题

| 1 | 2 | 3 | 4 | 5 | 6 | 7 | 8 | 9 | 10 |
|---|---|---|---|---|---|---|---|---|---|
| AC | AD | AC | BCD | ABCD | ABD | AC | BC | AD | ABC |

三、判断题

| 1 | 2 | 3 | 4 | 5 | 6 | 7 | 8 | 9 | 10 |
|---|---|---|---|---|---|---|---|---|---|
| × | √ | × | √ | √ | √ | × | √ | √ | √ |
| 11 | 12 | 13 | 14 | 15 | 16 | | | | |
| √ | × | × | √ | √ | √ | | | | |

四、操作题（略）

## 项目十

一、单选题

| 1 | 2 | 3 | 4 | 5 | 6 | 7 | 8 | 9 | 10 |
|---|---|---|---|---|---|---|---|---|---|
| C | D | D | A | D | D | B | D | A | D |
| 11 | 12 | 13 | 14 | 15 | 16 | 17 | 18 | 19 | 20 |
| A | B | A | D | B | C | C | D | B | B |
| 21 | 22 | 23 | 24 | 25 | 26 | 27 | 28 | 29 | 30 |
| B | A | A | C | D | B | C | D | D | A |
| 31 | 32 | 33 | 34 | 35 | 36 | 37 | 38 | 39 | 40 |
| D | A | A | D | C | A | C | C | D | C |
| 41 | 42 | 43 | 44 | 45 | 46 | 47 | 48 | 49 | 50 |
| A | B | A | A | A | C | A | D | C | D |

二、多选题

| 1 | 2 | 3 | 4 | 5 | 6 | 7 | 8 | | |
|---|---|---|---|---|---|---|---|---|---|
| AD | ABCD | ABD | ABCD | ABD | ABC | AC | ABD | | |

三、判断题

| 1 | 2 | 3 | 4 | 5 | 6 | 7 | 8 | 9 | 10 |
|---|---|---|---|---|---|---|---|---|---|
| √ | × | × | √ | × | √ | √ | √ | × | × |

| 11 | 12 | 13 | 14 | 15 | 16 | 17 | 18 | 19 | 20 |
|---|---|---|---|---|---|---|---|---|---|
| × | √ | √ | √ | √ | √ | √ | √ | √ | √ |

四、操作题（略）

项目十一

一、单选题

| 1 | 2 | 3 | 4 | 5 | 6 | 7 | 8 | 9 | 10 |
|---|---|---|---|---|---|---|---|---|---|
| B | C | B | C | B | D | B | A | A | A |
| 11 | 12 | 13 | 14 | 15 | 16 | 17 | 18 | 19 | 20 |
| D | D | D | C | B | C | C | B | A | B |
| 21 | 22 | 23 | 24 | 25 | 26 | 27 | | | |
| C | B | C | A | A | D | D | | | |

二、多选题

| 1 | 2 | | | | | | | | |
|---|---|---|---|---|---|---|---|---|---|
| ABCD | ABC | | | | | | | | |

三、判断题

| 1 | 2 | 3 | 4 | 5 | 6 | 7 | 8 | 9 | 10 |
|---|---|---|---|---|---|---|---|---|---|
| × | √ | × | × | × | × | √ | × | × | × |
| 11 | 12 | 13 | | | | | | | |
| × | × | √ | | | | | | | |

四、操作题（略）

项目十二

一、单选题

| 1 | 2 | 3 | 4 | 5 | 6 | 7 | 8 | 9 | 10 |
|---|---|---|---|---|---|---|---|---|---|
| D | B | D | A | A | B | B | B | B | B |
| 11 | 12 | 13 | 14 | 15 | 16 | 17 | 18 | 19 | 20 |
| B | D | C | C | A | C | C | C | D | C |
| 21 | 22 | 23 | 24 | 25 | 26 | 27 | | | |
| B | C | A | B | B | C | D | | | |

二、多选题

| 1 | 2 | 3 | 4 | 5 | 6 | | | | |
|---|---|---|---|---|---|---|---|---|---|
| ABC | AB | AB | AB | ABC | ACD | | | | |

三、判断题

| 1 | 2 | 3 | 4 | 5 | 6 | 7 | 8 | 9 | 10 |
|---|---|---|---|---|---|---|---|---|---|
| √ | × | √ | √ | √ | √ | × | × | × | √ |
| 11 | 12 | 13 | 14 | 15 | | | | | |
| √ | × | × | × | × | | | | | |

四、操作题（略）